中国编辑学会组编

中国科技之路

中医药卷

中宣部主题出版
重点出版物

健康脊梁

本卷主编　仝小林

副主编（按姓氏笔画排序）

冷向阳　范永升　果

U0178701

全国百佳图书出版单位

中国中医药出版社

·北京·

图书在版编目（CIP）数据

　中国科技之路. 中医药卷. 健康脊梁 / 中国编辑学会
组编；仝小林本卷主编. -- 北京：中国中医药出版
社，2021.8
　ISBN 978-7-5132-6988-9

　Ⅰ. ①中… Ⅱ. ①中… ②仝… Ⅲ. ①技术史－中国－
现代②中国医药学－医学史－中国 Ⅳ. ①N092
②R-092

中国版本图书馆CIP数据核字 (2021) 第098636号

内 容 提 要

　　本书系统梳理了中华人民共和国成立至今中医药的重大科技成果，深入挖掘其背后的科学故事，体现其对推动我国卫生健康事业发展的重大意义。

　　全书共分上中下三篇。第一篇，从传承、创新、传播三个方面梳理了自《黄帝内经》问世至今不同时代中医人在护佑人类健康方面取得的辉煌成就。第二篇，从七大方面展示了中医药理论研究、重大疾病防治、新药开发等方面科技创新的成果亮点。这些代表性成果是专家们通过反复论证，多方征求意见后最终确定的，既包含具有广泛社会影响力的重大科技成果，又包含百姓关注度高、科研难度大的热点话题，为了更好地普及中医药科技知识，除对重大科技成果与亮点的介绍外，还适当增加了中医药养生保健方面常识性知识的介绍，供读者参考。第三篇，站在时代的高度，深刻领会党中央对于中医药发展的整体部署及《中华人民共和国国民经济和社会发展第十四个五年规划和2035年远景目标纲要》的精神，展望未来中医药在健康中国战略中发挥的重要作用。

中国科技之路　中医药卷　健康脊梁
ZHONGGUO KEJI ZHI LU ZHONGYIYAO JUAN JIANKANG JILIANG

中国中医药出版社出版

北京经济技术开发区科创十三街 31 号院二区 8 号楼
邮政编码　100176
传真　010-64405721
北京盛通印刷股份有限公司印刷
各地新华书店经销

开本 720×1000　1/16　印张 18　字数 219 千字
2021 年 8 月第 1 版　2021 年 8 月第 1 次印刷
书号　ISBN 978－7－5132－6988－9

定价　100.00 元
网址　http:/www.cptcm.com

社 长 热 线　010-64405720
购 书 热 线　010-89535836
维 权 打 假　010-64405753

微信服务号　zgzyycbs
微商城网址　https://kdt.im/LIdUGr
官 方 微 博　http://e.weibo.com/cptcm
天猫旗舰店网址　https://zgzyycbs.tmall.com

如有印装质量问题请与本社出版部联系（010-64405510）

做好科学普及，是科学家的责任和使命

中国科技事业在党的领导下，走出了一条中国特色科技创新之路。从革命时期高度重视知识分子工作，到新中国成立后吹响"向科学进军"的号角，到改革开放提出"科学技术是第一生产力"的论断；从进入新世纪深入实施知识创新工程、科教兴国战略、人才强国战略，不断完善国家创新体系、建设创新型国家，到党的十八大后提出创新是第一动力、全面实施创新驱动发展战略、建设世界科技强国，科技事业在党和人民事业中始终具有十分重要的战略地位、发挥了十分重要的战略作用。党的十九大以来，党中央全面分析国际科技创新竞争态势，深入研判国内外发展形势，针对我国科技事业面临的突出问题和挑战，坚持把科技创新摆在国家发展全局的核心位置，全面谋划科技创新工作。通过全社会共同努力，重大创新成果竞相涌现，一些前沿领域开始进入并跑、领跑阶段，科技实力正在从量的积累迈向质的飞跃，从点的突破迈向系统能力提升。

科技兴则民族兴，科技强则国家强。2016年5月30日，习近平总书记在"科技三会"上指出："科技创新、科学普及是实现创新发展的两翼，要把科学普及放在与科技创新同等重要的位置"，希望广大科技工作者以提高全民科学素质为己任，"在全社会推动形成讲科学、爱科学、学科学、用科学的良好氛围，使蕴藏在亿万人民中间的创新智慧充分释放、创新力量充分涌流"。站在"两个一百年"奋斗目标历史交汇点上，我国正处于加快实现科技自立自强、建设世界科技强国的伟大征程中。在新的发展阶段，做好科学普及、提升公民科学素质、厚植科学文化，既是建设世界科技强国的迫切需要，也是中国科学家义不容辞的社会责任和历史使命。

为此，中国编辑学会组织15家中央级科技出版单位共同策划，邀请各领域院士和专家联合创作了《中国科技之路》科普图书。这套书以习近平新时代中国特色社会主义思想为指导，以反映新中国科技发展成就为重点，以文、图、音频、视频相结合的直观呈现形式为载体，旨在激励全国人民为努力实现中华民族伟大复兴的中国梦而奋斗。《中国科技之路》于2020年列入中宣部主题出版重点出版物选题，分为总览卷、信息卷、交通卷、建筑卷、卫生卷、中医药卷、核工业卷、航天卷、航空卷、石油卷、海洋卷、水利卷、电力卷、农业卷、林草卷共15卷，相关领域的两院院士担任主编，内容兼具权威性和普及性。《中国科技之路》力图展示中国科技发展道路所蕴含的文化自信和创新自信，激励我国科技工作者和广大读者继承与发扬老一辈科学家胸怀祖国、服务人民的优秀品质，不负伟大时代，矢志自立自强，努力在建设科技强国实现复兴伟业的征程中作出更大贡献。

侯建国

中国科学院院士

《中国科技之路》编委会主任

2021年6月

科技开辟崛起之路　出版见证历史辉煌

2021年是中国共产党百年华诞。百年征程波澜壮阔，回首一路走来，惊涛骇浪中创造出伟大成就；百年未有之大变局，我们正处其中，踏上漫漫征途，书写世界奇迹。如今，站在"两个一百年"的历史交汇点上，"十三五"成就厚重，"十四五"开局起步，全面建设社会主义现代化国家新征程已经启航。面向建设科技强国的伟大目标，科技出版人将与科技工作者一起奋斗前行，我们感到无比荣幸。

2021年3月，习近平总书记在《求是》杂志上发表文章《努力成为世界主要科学中心和创新高地》，他指出："科学技术从来没有像今天这样深刻影响着国家前途命运，从来没有像今天这样深刻影响着人民生活福祉""中国要强盛、要复兴，就一定要大力发展科学技术，努力成为世界主要科学中心和创新高地。我们比历史上任何时期都更接近中华民族伟大复兴的目标，我们比历史上任何时期都更需要建设世界科技强国！"在这样的历史背景下，科学文化、创新文化及其所形成的科普、科学氛围，对于提升国民的现代化素质，对于实施创新驱动发展战略，不仅十分重要，而且迫切需要。

中国编辑学会是精神食粮的生产者，先进文化的传播者，民族素质的培育者，社会文明的建设者。普及科学文化，努力形成创新氛围，让科学理论之弘扬与科学事业之发展同步，让科学文化和科学精神成为主流文化的核心内涵，推出高品位、高质量、可读性强、启发性深的科技出版物，这是一条举足轻重的发展路径，也是我们肩负的光荣使命，更是国际竞争对我们的强烈呼唤。秉持这样的初心，中国编辑学会在 2019 年 7 月召开项目论证会，确定以贯彻落实党和国家实施创新驱动发展战略、建设科技强国的重大决策为切入点，编辑出版一套为国家战略所必需、为国民所期待的精品力作，展现我国科技实力，营造浓厚科学文化氛围。随后，中国编辑学会组织了半年多的调研论证，经过数番讨论，几易方案，终于在 2020 年年初决定由中国编辑学会主持策划，由学会科技读物编辑专业委员会具体实施，组织人民邮电出版社、科学出版社、中国水利水电出版社等 15 家出版社共同打造《中国科技之路》，以此向中国共产党成立 100 周年献礼。2020 年 6 月，《中国科技之路》入选中宣部 2020 年主题出版重点出版物。

《中国科技之路》以在中国共产党领导下，我国科技事业壮丽辉煌的发展历程、主要成就、关键节点和历史意义为主题，全面展示我国取得的重大科技成果，系统总结我国科技发展的历史经验，普及科技知识，传递科学精神，为未来的发展路径提供重要启示。《中国科技之路》服务党和国家工作大局，站在民族复兴的高度，选择与国计民生息息相关的方向，呈现我国各行业有代表性的高精尖科研成果，共计 15 卷，包括总览卷、信息卷、交通卷、建筑卷、卫生卷、中医药卷、核工业卷、航天卷、航空卷、石油卷、海洋卷、水利卷、电力卷、农业卷和林草卷。

今天中国的科技腾飞、国泰民安举世瞩目，那是从烈火中锻来、向薄冰上履过，其背后蕴藏的自力更生、不懈创新的故事更值得点赞。特别是在当今世界，实施创新驱动发展战略决定着中华民族前途命运，全党全社会都在不断加深认识科技创新的巨大作用，把创新驱动发展作为面向未来的一项重大战略。基于这样的认识，《中国科技之路》充分梳理挖掘历史资料，在内容结构上既反映科技领域的发展概况，又聚焦有重大影响力的技术亮点，既展示重大成果、科技之美，又讲述背后的奋斗故事、历史经验。从某种意义上来说，《中国科技之路》是一部奋斗故事集，它由诸多勇攀高峰的科研人员主笔书写，浸透着科技的力量，饱含着爱国的热情，其贯穿的科学精神将长存在历史的长河中。这就是"中国力量"的魂魄和标志！

《中国科技之路》的出版单位都是中央级科技类出版社，阵容强大；各卷均由中国科学院院士或者中国工程院院士担任主编，作者权威。我们专门邀请了著名科技出版专家、中国出版协会原副主席周谊同志以及相关领导和专家作为策划，进行总体设计，并实施全程指导。我们还成立了《中国科技之路》编委会和出版工作委员会，组织召开了20多次线上、线下的讨论会、论证会、审稿会。诸位专家、学者，以及15家出版社的总编辑（或社长）和他们带领的骨干编辑们，以极大的热情投入到图书的创作和出版工作中来。另外，《中国科技之路》的制作融文、图、音频、视频、动画等于一体，我们期望以现代技术手段，用创新的表现手法，最大限度地提升读者的阅读体验，并将之转化成深邃磅礴的科技力量。

　　2016 年 5 月，习近平总书记在哲学社会科学工作座谈会上发表讲话指出，自古以来，我国知识分子就有"为天地立心，为生民立命，为往圣继绝学，为万世开太平"的志向和传统。为世界确立文化价值，为人民提供幸福保障，传承文明创造的成果，开辟永久和平的社会愿景，这也是历史赋予我们出版工作者的光荣使命。科技出版是科学技术的同行者，也是其重要的组成部分。我们以初心发力，满含出版情怀，聚合 15 家出版社的力量，组建科技出版国家队，把科学家、技术专家凝聚在一起，真诚而深入地合作，精心打造了《中国科技之路》，旨在服务党和国家的创新发展战略，传播中国特色社会主义道路的有益经验，激发全党、全国人民科研创新热情，为实现中华民族伟大复兴的中国梦提供坚强有力的科技文化支撑。让我们以更基础更广泛更深厚的文化自信，在中国特色社会主义文化发展道路上阔步前进！

中国编辑学会会长

《中国科技之路》编委会主任

2021 年 6 月

本卷前言

中医药学根植于中国传统思维，具有深厚的文化底蕴，在与疾病抗争的实践中与时俱进，不断传承创新，发展至今。"大医精诚"的职业追求，"天人合一"的自然观，"阴平阳秘"的健康维护观，"治未病"的疾病早期干预理念等，不仅在防病治病中得到医患的认可，而且对其他领域的科技文化发展产生了深远的影响。

曾经一段时间，中医药学经受了跌宕起伏、生死存亡的考验，在逆境中曲折发展。中华人民共和国成立后，党和国家高度重视中医药的发展，中医药学获得了新生。随着世界医学模式的转变，几代中医药人在秉持、传承中医药学原创精髓的同时，与西医学互融互通，借助现代科学技术创新发展，取得了长足的进步，特别是在制约中医药发展关键问题的科学阐释、重大疾病防治关键技术的应用、中药资源可持续利用等方面都获得了突破性进展，为健康中国建设发挥了重要的作用。以青蒿素为代表的众多科研成果更是走出国门，令世界瞩目。

《健康脊梁》为《中国科技之路》套书中医药分卷，系统梳理了中华人民共和国成立至今中医药的重大科技成果，深入挖掘其背后的科学故事，体现其对推动我国卫生健康事业发展的重大意义。本书共分三篇。第一篇，从传承、创新、传播三个方面梳理了自《黄帝内经》问世至今不同时代中医人在护佑人类健康方面取得的辉煌成就。第二篇，从七大方面展示了中医药理论研究、重大疾病防治、新药开发等方面科技创新的成果亮点。这些代表性成果是专家们通过反复论证，多方征求意见后最终确定的，既包含具有广泛社会影响力的重大科技成果，又包含百姓关注度高、科研难度大的热点话题，为了更好地普及中医药科技知识，除对重大科技成果与亮点的介绍外，还适当增加了中医药养生保健方面常识性知识的介绍，供读者参考。第三篇，站在时代的高度，深刻领会党中央对于中医药发展的整体部署及《中华人民共和国国民经济和社会发展第十四个五年规划和 2035 年远景目标纲要》的精神，展望未来中医药在健康中国战略中发挥的重要作用。

近年来，随着《中华人民共和国中医药法》的颁布实施，《中医药发展规划纲要（2016—2030 年）》《中共中央国务院关于促进中医药传承创新发展的意见》的重要部署，中医药发展迎来了天时地利人和的大好时机。人人享有优质的中医药服务是中医药人的郑重承诺。中医药人只有讲好自己的故事，才能获得更多人的信任与支持。希望本书的出版，能够使普通百姓，特别是青少年读者更全面地了解中医药的特色与优势；体味诸多科技成果背后不为人知的艰辛与其蕴含的科学精神；获得更多中医药相关的科学知识，对中医药文化产生更加浓厚的兴趣，进一步增强文化自信。为了达到更好的呈现效果，本书将晦涩难懂的科技知识以通俗易懂的语言文字并配以图片形式呈现于读者面前，同时采用融合出版方式，对于部分成果涉及的科学家通过视频形式展示其科技成果和科学家精神，书中涉及的部分人体经络循行路线示意图还采用了现代 AR 成像技术加以展示，相信一定会给读者带来不一样的新鲜感受。希望能借此书的出版为中国共产党建党 100 周年献上一份厚礼。

本书的撰写得到了中国编辑学会相关领导的大力支持与帮助，在照片资料、音视频素材收集以及文字内容的审核方面，相关成果项目组给予了积极支持和大力配合，在此一并致以诚挚的感谢！由于该书启动时间较晚，从成果亮点的梳理确定、素材的收集、文字撰写到最后定稿，时间非常有限，书中疏漏不足之处在所难免，恳请中医药行业同道、广大读者提出，以便再版时加以完善。

本卷编委会

2021 年 6 月

目 录

第一篇

岐黄道术，铸造健康脊梁

传承精华，守正创新

第三篇

人人享有中医药服务

第一篇
岐黄道术，铸造健康脊梁

一、源于实践，在抗击疾病中成长

远古神话时代，先民们过着采食野果、茹毛饮血的生活，常因疫病不治而亡。人们也逐渐在生活中发现了自然界的奥秘，偶尔刺伤、碰伤或烧伤身体的某一个部位，却使原有的某些疾病痛苦得以解除，后来人们就逐渐学会用一种楔形的石头按压这些部位来治疗病痛。炎帝神农为救治子民，尝百草试药毒。《淮南子·修务训》就曾记载，神农每日亲自上山采药，亲自尝试各种草药，为了辨别药性，他甚至曾经一天内中毒 70 次。而他也认识到麻黄能定喘解表，乌头可以祛风湿止痛，黄连治痢止泻效果好，并根据每种草药的药性给百姓看病治病。我国现存最早的药物学专著《神农本草经》，传说就是神农所作，而其中对于各种药物的记载，至今仍然是中医药工作者的重要参考资料。传说我国川、鄂、陕交界处是神农尝百草的地方，因此称为神农架山区。

图 1-1　辽代绘制的神农采药图（于山西省朔州市应县城西北佛宫寺内木塔中发现）

传说中华民族的祖先——轩辕黄帝，是中医学的鼻祖。托黄帝之名所作并流传至今的《黄帝内经》，是我国现存最早的一部综合性医书，分为《素问》《灵枢》两个部分。其中《素问》为中医理论打下了坚实的基础，直到今天依然是现代中医药学发展的理

图 1-2　新时器时代的石刀（藏于浙江中医药大学博物馆）

论支持；《灵枢》则对经络学说、穴位、针刺方法、针刺工具及针刺的适应证与禁忌证进行了较详细的论述，因此又被称为《针经》。《黄帝内经》作为中国医学史上影响极大的一部医学著作，奠定了中医学对人体生理、病理、疾病诊断以及治疗的理论基础，被称为医之始祖。

东汉末年战事频繁，生灵涂炭，导致瘟疫肆虐。据《后汉书·五行志》等史书记载，公元 151～179 年近三十年间，中原地区共发生大疫流行近十次，"家家有僵尸之痛，室室有号泣之哀"（曹植《说疫气》），"白骨露于野，千里无鸡鸣"（曹操《蒿里行》）。被后世称为医圣的张仲景就生活于这样的环境之中，瘟疫使其家族在不到 10 年的时间内有两百余口死去。他在伤痛之余，勤求古训，博采众方，著成伟大之作《伤寒杂病论》。该书被后人整理成为《伤寒论》和《金匮要略》两部分。前者专论外感热病，后者专论内外妇儿科杂病。仲景以其丰富的临床经验和坚实的理论基础，在这部划时代的巨著中，完成了《黄帝内经》理论与临床实践的衔接，使中医体系理法方药诸环节融会贯通，集四诊、八纲、辨因、论病、处方、用药、针灸、外治于一体。《伤寒杂病论》对中医临床医学有极其深远的影响，成为自《黄帝内经》以来我国医学史上的第二座里程碑。

图 1-3　宋本《素问》二十四卷，日本安政四年（1857）占恒室刻本

图 1-4
汉代石制药碾

中医药学真正走向成熟是在两晋隋唐时期，随着社会环境逐渐稳定，科学文化随之快速发展。晋代王叔和的《脉经》、晋代皇甫谧的《黄帝三部针灸甲乙经》、梁代陶弘景的《本草经集注》、南北朝时期雷敩的《雷公炮炙论》、隋代巢元方的《诸病源候论》、急救专书《肘后备急方》等著作的问世，标志着中医药理论体系逐渐成熟，并且对后世中医药学发展产生了深远的影响。唐代《新修本草》更是被作为药典颁行全国。唐代"药王"孙思邈

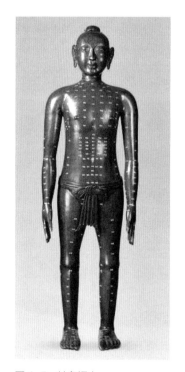

图 1-5 针灸铜人

著有《备急千金要方》，总结了唐代以前的医学成就。他认为"人命至重，有贵千金，一方济之，德逾于此"，因此将自己的著作名曰"千金"。其中《大医精诚》为论述医德的专篇，提出"凡大医治病，必当安神定志，无欲无求，先发大慈恻隐之心，誓愿普救含灵之苦。若有疾厄来求救者，不得问其贵贱贫富，长幼妍媸，怨亲善友，华夷愚智，普同一等，皆如至亲之想，亦不得瞻前顾后，自虑吉凶，护惜身命。见彼苦恼，若己有之，深心凄怆，勿避险巇、昼夜、寒暑、饥渴、疲劳，一心赴救，无作功夫形迹之心。如此可为苍生大医，

反此则是含灵巨贼"，深刻体现了对医者守护人命的至高要求，即"普同一等，皆如至亲之想""一心赴救，无作功夫形迹之心"，至今都是医者行医所奉行的准则。在这一时期，还有一项闻名中外的医学发明——针灸铜人，这是我国最早的针灸模型，对针灸学教学、推广应用，特别是腧穴的规范化做出了杰出的贡献。

宋元时期，中医理论和临床各科进一步得到发展。临床各科成就较为突出。危亦林的悬吊复位法是伤科史上的重大创举。陈自明的《妇人大全良方》、钱乙的《小儿药证直诀》、宋慈的《洗冤集录》等代表了当时妇儿科、法医学的水平。其中，《小儿药证直诀》收录了由钱乙自创的六味地黄丸，该方由于平和的药性，补中有泻、寓泻于补、标本同治的特点，至今广泛应用于临床，成为滋阴补肾的经典名方。

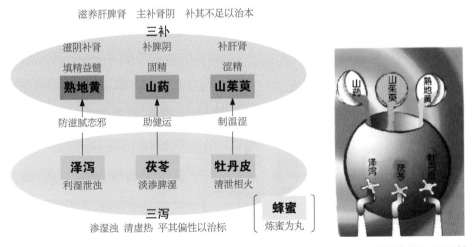

图 1-6　六味地黄丸功效示意图（引自赵中振编著的《百方图解》）

金元时期，中医学界出现了一个具有特色的历史事件，史称"金元四大家"的学术争鸣。其代表人物是寒凉派医家刘完素、攻下派医家张从正、补土派医家李杲、滋阴派医家朱震亨。由于各种理论之间的相互碰撞，极大地促进了当时医学的发展，而这些理论与学说对后世的影响也很大。

明清时期是中医学发展集大成的时期，中医治则治法理论得到极大地提升。例如，王清任确立活血化瘀的治疗原则，并被后世医家所推崇，今天许多临床家的"活血化瘀"研究思路都来自于此。明清时期，由于我国南方居住人口相对集中，传染病成为威胁人们健康的巨大挑战。江浙一带地处沿海，气候潮湿而闷热，瘟疫最为猖獗，促使江浙诸医家逐渐形成研究外感温热病的温病学派，如出生于江苏吴县的著名传染病专家吴又可，著有《温疫论》，他提出"疫病"是"感天地之疫气"致病。另一位温病学大家叶天士根据温病病理传变特点，提出针对温病"既病防变"的治疗原则。明代著名医学家、药学家李时珍历时 27 年，著成被世人传颂的药学巨著《本草纲目》，该书突破过去本草学著作的固有模式，改用较先进的动植物学分类法，开辟了本草学发展的新阶段，刊行后，很快流传到朝鲜、日本等国，后又

图 1-7 《本草纲目》五十二卷卷首一卷，清雍正十三年乙卯（1735）三乐斋刻本

先后被译成日、拉丁、英、法、德、俄等多种语言。达尔文在其著作中多次引用其中资料，并称该书为"古代中国的百科全书"。明代另一项医学发展的突破就是对天花的认识及人痘接种术的运用，它也是欧洲发明牛痘接种术的先驱，开创了人类预防天花的新纪元。

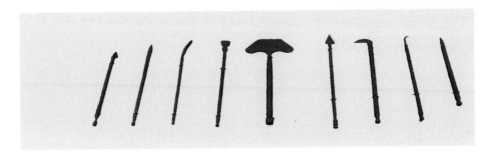

图 1-8 清代的外科器械

图 1-9 清代的卫生宣传彩页画册

图 1-10 清代八段锦绘本

然而，1840 年开始，随着鸦片战争的失败，中国进入半殖民地半封建社会，中医受到外来医学的冲击和内部势力的打压，渐趋没落，国民政府甚至企图将中医排除在医学体系之外。1921 年，中国共产党成立，为岌岌可危的中医药学发展带来了一丝曙光。抗日战争时期，陕甘宁地区缺医少药，中医药成为维系人民生命安全的重要保障。中国共产党积极推进中医药的发展，在陕甘宁地区成立各种研究机构，并提出要科学化发展中医药。中华人民共和国成立后，中医药事业成为党和国家事业的重要组成部分。中医药学的发展也迎来了新的机遇。

二、传承创新，铸造健康中国

1958 年 10 月 11 日，毛泽东在《卫生部党组关于西医学中医离职班情况成绩和经验给中央的报告》上做出重要批示，明确提出"中国医药学是一个伟大的宝库，应当努力发掘，加以提高"，并将中医药学提升到"文化遗产""对全世界有贡献"的高度。这是我们党和国家对中医药认识的第一次飞跃。2010 年 6 月习近平在澳大利亚皇家墨尔本理工大学中医孔子学院授牌仪式上的讲话和 2015 年 12 月在致中国中医科学院成立 60 周年的贺信里都提到："中医药是中国古代科学的瑰宝，也是打开中华文明宝库的钥匙。"习总书记对中医药的系列重要论述是我党对中医药认识的第二次飞跃。正是由于中国共产党的坚强领导和大力扶持，使得中医药在短短 70 年的发展历程中，从理论到实践都取得了诸多成果，很多领域取得重大突破。

（一）中医药理论的创新

《黄帝内经》为中医药学理论打下了坚实的基础，后辈医家无不将其奉为指路明灯，并在此基础上进行不断的探索和创新发展。随着时间进入 20 世纪，现代科技的飞速发展带来了观念上的改变，中医药工作者们也越来越多地利用新技术探索古老中医药学的奥秘。沈自尹院士利用现代技术揭示了肾阳虚的物质基础，推动了人体抗衰老的研究。王琦院士根据《黄帝内经》及历代医家有关体质的论述，结合自身多年的理论研究和临床实践，创立了中医九种体质学说。仝小林院士提出了脾胃湿热为核心病机的糖尿病早中期"脾瘅"理论，突破了传统阴虚燥热为核心病机的"消渴"理论局限，开创性地明确了开郁清热法为核心的糖尿病早中期的辨治理论体系。张伯礼院士利用组分中药理论，研制出疗效佳、服用方便的现代中药。吴以岭院士深入研究了中医络病理论，首次系统构建了络病理论体系，开辟了临床重大疾病的防治新途径。血瘀证研究现代学派的创始人、奠基者陈可冀院士，毕生致力于"传统中医的现代化""建立中西医统一的理论体系"，最终实现以活血化瘀法治疗冠心病的中西医整合；活血化瘀法防治心血管疾病的理论创新，是我国中西医结合领域六十余年来研究最具有创新性、成果最为突出的标志性成就之一。石学敏院士系统梳理历代医学典籍，结合西医学理论知识，构建了中医脑病学科理论，并创立了"开窍醒脑"针法，对针刺治疗中风病进行规范，提高了临床疗效。黄璐琦院士及其团队遵循中药学与生物学自身发展规律建立了分子生药学理论体系，推动中药分子鉴定学的发展，为促进药材质量提升、中药资源可持续利用研究提供了有力的理论支持。

（二）中医药实践的创新

《伤寒论》可谓是现存最早的中医临床诊疗指南，它创立的理、法、方、药范本和六经辨证体系，至今仍是中医临床工作的重要准则。临床疗效是中医药存在的根本，一代代中医人通过自身的实践，不断改进旧的诊疗手段，创新、发现新的诊疗手段，从而达到不断提高诊疗水平的目的。

本次新冠疫情的防治，中医工作者们在方舱医院通过"三药三方"等中医药方式针对不同类型患者进行有针对性的救治，利用"中医通治方 + 社区 + 互联网"为框架的"武昌模式"，为我国在面对新发、突发重大公共卫生事件时社区中医药防控提供了一种创新模式。除此以外，通里攻下法治疗急腹症、骨折小夹板固定术、针麻镇痛等都显示出中医在急危重症方面的显著作用。

科学技术发展日新月异，利用新技术针对传统中药品种进行的新药研发工作也如雨后春笋般蓬勃开展。面对日益增多的心脑血管疾病、恶性肿瘤等慢性、疑难病症，中医药工作者相继研发出复方丹参滴丸、芪参益气滴丸、通心络胶囊、川芎嗪注射液、精制冠心片、蟾酥膏、金复康口服液、芪天扶正胶囊、康莱特注射剂、血脂康胶囊、扶正化瘀片等多种新药，很多品种已经载入《中国药典》《国家基本医疗保险目录》，在临床得到广泛应用，甚至有部分品种已经打入国际市场。人工麝香、牛黄体外培养等研究成果的推行，不仅满足了人民群众用药需求，保护了珍稀野生动物资源，同时"救活"了安宫牛黄丸、片仔癀等多种知名中成药。陈竺院士对砒霜分离纯化，"以毒攻毒"，开创了治疗白血病的新篇章。更令国人为之骄傲与振奋的是，屠呦呦研究员及其团队从古代典籍中找到灵感研发出的青蒿素，挽救了世界上数以亿万计的疟疾患者，获得了诺贝尔生理学或医学奖。

三、海外传播，助力世界人民健康

（一）丝绸之路，传播中医药文化

自 2000 多年前丝绸之路开通以后，中医药在世界范围内传播交流，一定程度上促进了世界人民的健康。早在西周初期，"五行学说、阴阳概念"就传入朝鲜，到公元 4～5 世纪，《肘后备急方》《本草经集注》也陆续传入朝鲜。公元 552～562 年《针经》《明堂图》等 164 卷医书传入日本。由此，日本成为国外收藏中国医书最多的国家。目前，我国 23 个藏书机构收藏日本"和刻"中医古籍共 221 种，约 448 个版次。

"丝绸之路""玄奘西行"更是将中医药带到西域。明代

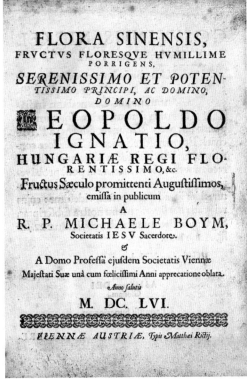

图 1-11　波兰传教士卜弥格的《中国植物志》扉页

人们已熟练运用于治疗天花的"人痘接种法"传播到欧洲，然后传到世界各地，在 200 年后，英国琴纳医生据此发明了牛痘接种法。1656 年，波兰传教士卜弥格的《中国植物志》出版，成为向西方介绍中草药的第一人。1736 年，伦敦出版《中华帝国全志》，其"凯夫版"第二册 183～235 页，译文名为 *The Art of Medicine among the Chinese*（《中国人的医术》），正文涉及三部中医药著作，即西晋王叔和的《脉经》、明代李时珍的《本草纲目》以及清代石成金的《长生秘诀》，成为世界上最早的一批英译中医书。17～19 世纪，西方先后共翻译中医药书籍 156 部，截至 20 世纪 70 年代

初，欧美国家出版中医药书籍 200 多部。据统计，在 10 多个国家及地区的
130 家图书馆收藏了 31250 部中医药书籍。

近年来，随着"一带一路"倡议的提出，大力推动了中医药"走出去"，
通过传播中医药文化，增强中国文化软实力和文化自信，讲好中国故事，传
播好中国声音。让世界人民都能接受中医药的防病治病理念，享有中医药的
健康服务。

（二）一带"医路"兴起

"一带一路"倡议是新时期党中央、国务院做出的促进世界合作发展
的"中国方案"。随着中医药与海外交流的日益增多，中医药在国际上的影
响力也与日俱增。2010 年，联合国教科文组织审议通过，将针灸列入"人
类非物质文化遗产代表作名录"；2016 年，欧洲药典上首次出现了 66 种中
药材。据世界卫生组织（WHO）统计，目前已有 103 个会员国认可使用针
灸。2017 年 1 月 18 日，习近平主席在日内瓦访问世界卫生组织并会见陈
冯富珍总干事，共同出席中国向 WHO 赠送针灸铜人雕塑仪式，为针灸铜
人揭幕。无论从文化层面还是医学层面，中医药正日益从多方位走向世界，
被世界接纳、认同。中医药"走出去"也正是顺应了世界对中医药的诉求。
让中医药优质的健康医疗服务惠及世界、造福人类，体现了中医药的责任与
担当。

经过几年的建设和发展，中医药"走出去"已经取得了一定的成绩和
阶段性成果。自首届"一带一路"国际合作高峰论坛召开以来，中国与海外
的卫生健康合作不断深化，在沿线国家建立了一批中医药海外中心，建设了

43 个中医药国际合作基地。截至 2019 年底，已有 100 多个中医药海外中心获准立项。

　　截至 2020 年 5 月，中医药已传播到 183 个国家（地区），设立中医孔子学院 7 所，独立课堂 2 个，下设课堂 23 个。"中医针灸风采行"已经走入"一带一路"35 个国家和地区。中医药先后纳入中白、中捷、中匈联合声明及《中国对非洲政策文件》等。截至目前，国家中医药管理局已经同 40 余个外国政府、地区主管机构签署了专门的中医药合作协议。

图 1-12　2018 年 12 月 3 日，国家卫生健康委员会党组成员、国家中医药管理局党组书记余艳红与世界卫生组织副总干事索姆娅·斯瓦米娜珊签署《中华人民共和国国家中医药管理局与世界卫生组织关于传统医学合作的谅解备忘录》

图 1-13　2019 年，由国家中医药管理局、内蒙古自治区人民政府主办的中国－蒙古国博览会国际中蒙医药产业发展论坛在内蒙古通辽举行

此外，世界卫生组织国际疾病分类第十一次修订本（ICD-11）增设"传统医学"章节，中医药历史性地纳入了国际主流医学统计体系。国际标准化组织成立中医药委员会（ISO/TC249），秘书处设在中国，中国科学家首次担任主席。中医药的国际化，使中医药在国际上的影响力不断扩大，话语权也在逐渐增强。

图 1-14 "一带一路"中医药传承与发展国际论坛

第二篇
传承精华，守正创新

一、阴阳理论并非空穴来风

　　1965 年，国家科委中医中药组成立大会上，来自当时上海第一医学院附属华山医院（现复旦大学附属华山医院）的沈自尹宣读了主题为"肾阳虚证，异病同治"的论文，一时间在学术界引起了轰动。随后，他受邀前往北京协和医院宣读了这一学术研究成果，这是中医阴阳理论的现代科学内涵研究第一次走进中国西医学界的最高殿堂。人们开始意识到，"阴阳"作为古代中医学理论的一个概念，并不只是一个概念这么简单，其背后可能蕴含着深厚的科学内涵。

图 2-1　沈自尹院士做学术报告

（一）阴阳理论并不玄

1. 阴阳理论源于自然生活

　　阴阳，源于古人对自然现象的认识。如商代的甲骨文中，有"阳日""晦月"等文字描述。古人最早观察到的天体运行规律，即为日月的昼夜运行节律及其所伴随的明暗、冷热等变化，故以"阴阳"代表日光之向背，"向日为阳，背日为阴"。由于向日、背日与水火的特性颇为接近，故又有"水火者，阴阳之征兆也"（《素问·阴阳应象大论》）的说法。因此"阴阳"逐渐从对日月相关属性的概括，发展为对事物特性进行分类认识的方法。凡向日者，多具有温暖、明亮、运动、兴奋等特点；凡背日者，多具有寒凉、晦暗、静止、抑制等特点。凡具有这些特点的事物就分别可以概括为属阳或者属阴。

先秦哲学家逐渐认识到，自然万物普遍存在着既相互对立制约、又相互补充发展的属性，如《荀子·礼论》曰："天地合而万物生，阴阳接而变化起。"

至此，阴阳学说成为古人认识宇宙、认识自然的世界观和方法论。古人在积累医学实践经验时，离不开古代哲学思想的指导。因此，阴阳学说也逐渐被用于医学领域，用以指导古人认识生命和进行临床实践。

2. 阴阳理论与中医藏象学说

《素问·阴阳应象大论》曰："阴阳者，天地之道也，万物之纲纪，变化之父母，生杀之本始，神明之府也，治病必求于本。"中医将阴阳理论引申到医学中，用于描述人体生理、病理、治疗、方药等相关的内容，认为治疗疾病必须本于阴阳之道。

基于这一认识，中医学构建了人体生理系统的核心理论——藏象学说。所谓藏象，即指藏于体内的内脏及其表现于外的生理病理现象，以及与自然界相应的事物和现象。也就是说，虽然脏腑藏于体内，但是其生理功能和病理变化是可以表现于外的。而藏象学说就是通过观察人体外在表现出的征象，来研究内部脏腑生理病理规律的学说。藏象学说的核心就是脏腑系统，而脏与腑也各有它们的阴阳属性。其中，五脏（心、肝、脾、肺、肾）属阴，生理功能的特点是藏精气而不泄；六腑（小肠、胆、胃、大肠、膀胱、三焦）属阳，生理功能的特点是传化物而不藏。脏腑在生理上互根互用，在病理上相互影响。脏腑的生理功能，又受到天地自然的影响。

五脏之中，古人非常重视肾，认为其为人的先天之本，肾之阴阳是关系到人体生命健康之根本。

3. 阴阳之根在于肾

肾为先天之本，是精气所藏匿的地方。精是构成人体和维持人体生命活动的最基本物质，是生命之源，是脏腑形体官窍功能活动的物质基础，所谓"生之来谓之精"（《灵枢·本神》）。只有藏精于肾，使其不流失在外，才能保证在体内充分发挥其生理效应。

其中，肾精化气，可以温煦一身之脏腑，蒸腾气化津液，主水液之代谢，属于"阳"，故谓之肾阳，古人又称其为"真火""命门之火"，可见其对生命的重要性。

当肾阳虚时，人体可以出现畏寒肢冷、小便频数、腰膝酸软冷痛等症状，同时心、肝、脾、肺其余四脏也会出现相应的病理变化；反之，如果心、肝、脾、肺出现异常，日久最终都会导致肾脏的病理改变，表现为肾阳之亏虚，甚则最终危及生命。

虽然古人认为"肾阳"如此重要，但其无形无质，无法捉摸，难以量化，更难以测量，其背后是否真具有科学依据呢？如果没有，又如何能指导中医实践数千年？如果有科学依据，它又是什么呢？

20世纪50年代中期，一位风度翩翩、思维敏捷、勤奋而又踏实的年轻人闯入了这一领域，他就是沈自尹。1952 年，沈自尹毕业于上海第一医学院（现复旦大学上海医学院），在担任上海第一医学院附属华山医院（现复旦大学附属华山医院）内科助教的第三年，医院党组织根据中央的政策，安排西医出身的他转行学习中医。这一年沈自尹 27 岁。当时医院党总支书记对沈自尹说："医学界对中医存在歧视现象，在没有认真深入地接触之前便认为中医不科学。现在分配你去学中医，去发扬中医的精华，阐明中医存在的科学道理。这是一项光荣的任务。"就是这一席话，让沈自尹同中医结下了半个多世纪的缘分。从此，沈自尹从西医内科转到中医科，并拜全国著名中医学家、中医藏象及治则现代科学奠基人姜春华为师，一边学习中医经典著作，一边从事中医临床，开启了漫长的中医之路。在姜春华的指导和启发下，沈自尹决定探索中医"肾阳虚"的现代生物学基础。

（二）肾阳虚到底虚在哪里

20 世纪 50 年代末，沈自尹在工作中发现，功能失调性子宫出血、支气管哮喘、妊娠毒血症、冠状动脉粥样硬化、神经衰弱、红斑狼疮等疾病都可以出现中医所谓的"肾虚"的临床表现，而使用补肾法治疗都可以取得显著疗效。

例如，功能失调性子宫出血，西医用性激素（如黄体酮）来治疗，虽然对部分患者能控制其出血，但疗程很长，且改善卵巢功能较难。利用中医望闻问切方法诊断发现，大部分患者都有肾阳虚的表现。对性激素治疗失败的患者改用补肾阳的方法，有 70% 的患者可以恢复正常排卵。

又如支气管哮喘，西医使用肾上腺皮质激素，难以停药，且副作用较大。经过临床观察，在 64 例属于中医肾虚证的哮喘患者中，有 45 例使用补肾中药治疗，一年后显著好转率达 84.4%，其中 5 例 3 年未复发；另外 19 例采用常规西药平喘治疗的患者，显著好转率仅 26.3%，且没有一例痊愈。

在研究过程中，很多重度哮喘的患者给沈自尹留下了深刻印象。这些患者每日需使用大剂量激素，但往往还是难以控制，每年仅 1~2 个月时间可暂停激素使用。并且，由于激素的免疫抑制作用，使患者经常伴有呼吸道感染，从中医学角度观察，这些患者都具有肾阳虚的症状，如腰酸足软、畏寒肢冷、喘息不宁、下肢浮肿等。而当开始使用补肾阳的方法治疗后，哮喘发作明显减轻，激素也逐渐开始撤减直至停用。

这让沈自尹意识到，这不就是中医所说的"异病同治"吗！

异病同治，指不同的疾病，在其发展变化过程中出现了大致相同的病机（疾病发生、发展、变化和转归的机理，如肾阳虚、脾胃气虚），表现为大致相同的证候，因而可以采用大致相同的治法和方药来治疗。中医学的基本特点是整体观念与辨证论治。辨证论治是以四诊所收集到的信息进行综合分析，判断疾病证候并处以相应治法方药的过程。不同的疾病可以出现相同的病机，不论是支气管哮喘、病毒性肝炎，或是其他的疾病，如果病机相同，使用相同的方法治疗，皆可取得疗效。

这一现象令沈自尹陷入了深思，"异病"既然可以"同治"，说明这些不同疾病之间一定有共同的物质基础。

1. 肾阳虚物质基础的初步探索

于是，沈自尹邀请上海市多位知名老中医制定肾虚的辨证标准，通过对比正常人、肾阳虚患者、肾阴虚患者多项生理、生化指标发现，肾阳虚患者中，尿 17 羟皮质类固醇（简称"尿 17 羟"）的数值普遍偏低。尿 17 羟，是肾上腺皮质分泌的皮质醇经肝灭活后，大部分以葡萄糖醛酸酯或硫酸酯形式存在的物质总称，经尿排出。

尿 17 羟反映的是内分泌的主要腺体之——肾上腺皮质的功能状态。古人称肾为命门，有关命门的解剖学位置自古以来说法不一。《医贯》中记载："经曰：七节之旁，中有小心。此处两肾所寄，左边一肾，属阴水，右边一肾，属阳水，中间是命门所居之宫，即太极图中之白圈也。"这段文字指出命门在两肾之间，七节之旁，有像小心一样的脏器，而且指出命门有两个，其左边一命门在左肾旁，如太极图中阴中之阳，而右边一命门在右肾旁，如太极图中阳中之阴。该表述与肾上腺的解剖学位置非常相符，而且从生理学角度看，肾脏与肾上腺的功能也是密切相关的，因此，推测肾上腺就是古人所说的命门。肾阳虚一定与肾上腺的功能失常相关。

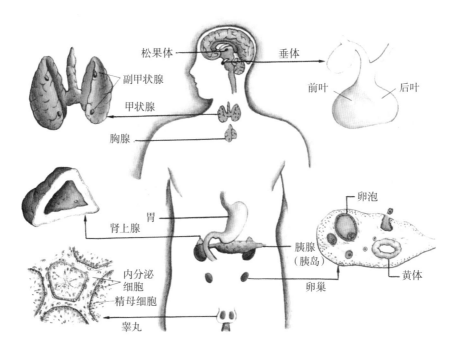

图 2-2 人体主要内分泌腺示意图

　　既然如此，那么与肾上腺密切相关的下丘脑与垂体是否也同时出现异常？

　　下丘脑－垂体－肾上腺皮质轴，是神经内分泌系统重要的调节系统，参与调控人体应激反应、性行为以及消化系统、免疫系统等功能，这些生理过程正与中医肾阳的功能存在较多的重叠。于是沈自尹对肾阳虚患者下丘脑－垂体－肾上腺皮质轴功能进一步展开研究。

　　研究组首先针对 31 例肾阳虚患者进行肾上腺皮质激素 2 日静脉滴注试验（简称 ACTH 试验），以了解肾上腺功能，并间接了解垂体功能。结果发现，17 例患者呈延迟反应，也就是说他们的垂体－肾上腺功能较正常人来说反应迟钝。进一步研究证实，肾阳虚患者的下丘脑－垂体－肾上腺皮质系统有不同部位、不同程度的功能紊乱。这一结果得到国内 7 个省市以及日本高雄医院等研究单位的重复与公认。

图 2-3　沈自尹课题组与日本科学家签署合作协议

　　尿 17 羟以及下丘脑－垂体－肾上腺皮质轴与肾阳的相关性研究结果，使得沈自尹初步揭示了肾阳虚的部分物质基础，明确了中医阴阳理论的部分科学内涵，为中医从"异病同治"角度开展科学研究开辟了一条广阔的途径。

2. 功能状态的整体紊乱

整体观念是中医学的基本特点之一，这一理念体现在中医学理论的各个方面，阴阳理论也不例外。肾阳虚导致的生理功能紊乱，也应该是多靶点、多途径的，即引起整个机体生理功能的紊乱。这让人不禁思考，在下丘脑－垂体－肾上腺皮质轴功能紊乱的基础上，肾阳虚有没有更复杂的生物学机制？

1977 年，神经内分泌免疫（NEI）网络学说被提出，激素、递质、神经肽等多种物质可以在淋巴细胞与神经内分泌系统之间相互传递，这使得神经系统、内分泌系统、免疫系统形成了一个完整的生理病理网络。这一学说，为进一步研究肾阳虚的物质基础提供了理论支持。沈自尹认为，既然免疫系统可与神经内分泌系统产生物质交换，二者在病理上也会相互影响，那么肾阳虚患者的下丘脑－垂体－肾上腺皮质轴这一神经内分泌系统功能紊乱，也会与免疫系统有关。

研究证实，当肾阳虚模型大鼠的下丘脑单胺类递质含量紊乱时，下丘脑－垂体－肾上腺皮质－胸腺轴形态及细胞免疫功能受到全面抑制，使用温补肾阳的方药可以有效改善下丘脑单胺类递质含量，改善下丘脑－垂体－肾上腺皮质－胸腺轴的形态，并增强其细胞免疫功能。

从下丘脑－垂体－肾上腺皮质轴的功能失调，到 NEI 网络的功能抑制，中医肾阳虚的现代科学内涵得到了进一步的诠释。但随之又出现了新的问题：中医认为，肾为先天之本，肾阳是先天命门之火，涉及人体生命的本源。虽然 NEI 网络学说为肾阳虚的功能失常所出现的症状提供了较好的解释，但并没能回答这个"先天"到底是如何影响人体的，这就需要进入到更深层面进行探究。

3. 先天肾阳的"生命密码"

随着分子生物学的发展、人类基因组计划的实施，基因——这一生命的密码逐渐被人类所认识。而基因组学技术，更是让人类开始有窥得生命之秘的可能。既然肾阳是先天肾精所化，那么在肾阳虚患者身上所出现的 NEI 网络功能失调，或许只是一个现象、一个结果，而真正导致这一变化的很有可能是基因层面的相关表达或转录的缺失。

基因芯片技术可以高效率、高通量地对比两种不同样本的杂交信号，从上万个基因中筛选出差异表达的基因。2004 年，沈自尹利用基因芯片技术，提取肾阳虚模型大鼠的下丘脑、垂体、肾上腺、淋巴组织 RNA 进行检测，观察其基因表达差异。最终研究显示，与正常对照组相比，肾阳虚模型组大鼠的神经递质、生长激素、性激素、肾上腺皮质激素、甲状腺激素的多项基因表达全部下调，而采用能温补肾阳的淫羊藿总黄酮干预后，这些基因表达全部重新上调。2005 年，他再次重复了该实验，并得到了完全相同的结果。

不仅如此，研究中还发现，淫羊藿总黄酮还可以显著上调热休克蛋白、CytP450 以及促甲状腺激素的基因表达。这三种物质，均能促进机体的能量代谢。

淫羊藿，是一味具有温补肾阳作用的代表

图 2-4　沈自尹院士指导科研工作

性中药。淫羊藿总黄酮就是在淫羊藿中提取出的主要有效成分。利用淫羊藿总黄酮对肾阳虚模型大鼠的干预结果表明，肾阳的作用是基因层面调控 NEI 网络的结果，从而实现对机体生理功能的调节。

图 2-5 淫羊藿饮片

这也很好地解释了《素问·灵兰秘典论》所说的："肾者，作强之官，伎巧出焉。"作强，指动作强劲有力；伎巧，指耳聪目明。而肾阳充沛，方能体力充沛，思维敏捷；肾阳亏虚，则疲乏无力，记忆力下降。这与淫羊藿总黄酮通过 NEI 网络调控人体能量代谢的机制极为符合。

经过有计划、有步骤的努力，研究团队最终证明肾阳虚证是以下丘脑为主的包括多条神经内分泌轴功能紊乱的症候群。这为利用温补肾阳的中药解决临床疑难疾病的救治以及养生防病，奠定了坚实的理论基础。

（三）补肾到底补什么

从淫羊藿总黄酮的作用机制，我们可以看到中医自古强调的"温补肾阳"背后深刻的科学道理。但是淫羊藿总黄酮毕竟只是一个中药单体，并不能全面体现温补肾阳方剂的作用机制。那么，中医使用的温补肾阳方剂，是否也是通过上述机制发挥对机体的调节作用呢？沈自尹将目光投向了温肾名方——右归饮。右归饮为明代医家张景岳所创，其组成：熟地黄、山药、山茱萸、枸杞子、炙甘草、杜仲、肉桂、黑附片。张景岳在其著作《景岳全书》中说："真阳不足者，必神疲气怯，或心跳不宁，或四体不收，或眼见邪祟，或阳衰无子等证，俱速宜益火之源，以培右肾之元阳，而神气自强矣。"此方被后世所推崇，临床常用于治疗多种慢性、消耗性疾病之虚损证候。沈自尹为了研究右归饮对肾阳虚的作用机制，使用右归饮对肾阳虚模型大鼠进行干预发现，右归饮可以通过非特异性地改善失衡的内环境，促进其免疫系统功能恢复，并对"下丘脑－垂体－肾上腺－胸腺"轴的形态与功能起到保护作用。而与之形成对照的是，针对具有健脾益气、活血化瘀等功效的方剂实验研究中，没有表现出上述的调节作用。

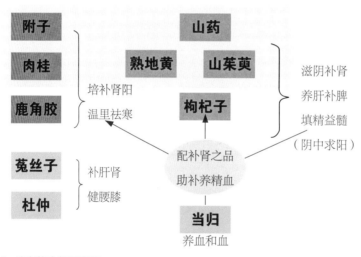

图 2-6　右归饮方解示意图

下丘脑－垂体－肾上腺－胸腺是一个复杂的网络系统，既然下丘脑是起始点，那么温补肾阳是否主要作用在下丘脑呢？沈自尹使用温补肾阳的右归饮、健脾益气的四君子汤以及活血化瘀的桃红四物汤三组不同功效的方剂，观察其影响。结果显示，唯有温补肾阳的右归饮能提高下丘脑促肾上腺皮质激素释放因子 mRNA 的表达，并且表现出对下丘脑－垂体－肾上腺－胸腺轴受抑制后的全面保护作用；健脾益气的四君子汤能直接提高细胞免疫功能，但对下丘脑没有影响；而活血化瘀的桃红四物汤则没有体现出对上述机制的任何调节作用。

到此可以明确，温补肾阳的主要调节位点就在下丘脑！有意思的是，中医认为，肾藏精，精生髓，脑为髓之海（《灵枢·海论》），而沈自尹团队的研究结果对肾阳、肾精与大脑的关系做了科学合理的诠释。

（四）温补肾阳可以抗衰老吗

研究团队在对肾阳虚机制研究过程中发现，肾阳虚患者从外形和体征看，都存在一定程度上的未老先衰症状，由此也使研究团队开始对肾阳虚与衰老的关系进行研究。进入 21 世纪，社会老龄化问题日趋凸显，抗衰老问题也受到越来越多人的关注，中医药抗衰老有悠久的历史与独特的优势，对人体衰老机制认识的关键在于五脏之肾。

1. 肾阳虚是衰老的核心环节

肾为人之根本，随着年龄增长而出现的肾虚是人体衰老的关键要素。《素问·上古天真论》说："丈夫八岁，肾气实，发长齿更。二八，肾气盛，天癸至，精气溢泻，阴阳和，故能有子。三八，肾气平均，筋骨劲强，故真牙生而长极。四八，筋骨隆盛，肌肉满壮。五八，肾气衰，发堕齿槁。六八，阳气衰竭于上，面焦，发鬓颁白。七八，肝气衰，筋不能动，天癸竭，精少，肾脏衰，形体皆极。八八，则齿发去。"这段文字的意思是，男性每生长 8 年为一个生长的周期，即 8 岁时，肾气逐渐充盛，人开始长大、成熟（肾气实、肾气盛、肾气平均）；而随着年龄增长，至 40 岁开始出现肾气衰弱，随后逐渐走向衰老（肾气衰、阳气衰竭、肾脏衰），这时逐渐出现脱发、面容憔悴、牙齿脱落等表现，其中的机制与肾阳关系尤为密切。

《素问·生气通天论》说:"阳气者,若天与日,失其所,则折寿而不彰,故天运当以日光明……"该段论述说明,阳气是人体生命活动的第一动力,古人将其重要性类比为太阳之与地球。当阳气衰弱时,则生命动力不足,人即会逐渐走向衰老。而人身之阳气,最为根本的就是肾阳。

为了验证人体衰老与肾阳的关系,明确其科学内涵,为中医药抗衰老提供更坚实的理论基础与明确的作用靶点,沈自尹团队又开展了相关实验研究。实验分为两组,一组为自然衰老大鼠,一组为青年大鼠,对比两组大鼠肾阳虚相关指标的基因表达情况。结果显示,老年大鼠在下丘脑-垂体-肾上腺-胸腺轴上的基因表达呈现衰退趋势,这与之前研究中,肾阳虚证的相关分子生物学机制完全吻合。

可以说,这一结果证实了肾阳虚是衰老的重要因素的猜想。而由此推测,温补肾阳的方法,也应该具备抗衰老的作用。

2. 温补肾阳的抗衰老作用

抗衰老的研究有一个难以绕开的问题——时间。人类的寿命长度以及伦理要求限制了这类研究直接在人体展开的可能性。于是,人体细胞以及自身寿命较短的低等生物成为初步实验的首选对象。

为了初步明确温补肾阳中药抗衰老的作用,沈自尹团队首先进行了淫羊藿总黄酮对人体衰老细胞作用的研究。结果表明,淫羊藿总黄酮能延缓衰老细胞端粒长度的缩短,可以认为其具有延缓细胞衰老的作用。

在对人体细胞进行实验之后,研究团队进一步对低等生物——秀丽线虫进行实验,结果显示淫羊藿总黄酮能显著延长其平均寿命,线虫在急性热应激环境中的生存率显著提高,老年期线虫运动能力的衰退显著改善。随后对节足类黑腹果蝇进行实验,结果显示淫羊藿总黄酮能显著延长果蝇的平均寿命和最高寿命，并且其延长寿命的效果显示出剂量相关性。也就是说，在一定程度上，淫羊藿总黄酮的剂量越高，延长寿命的效果越好。

一系列的研究显示，温补肾阳的抗衰老作用是明确的。随后，沈自尹进一步针对不同月龄的大鼠开展实验。研究结果表明，淫羊藿总黄酮能使老年状态基因表达向年轻化靠近，证明其具有改善肾阳虚、延缓衰老的作用。

图 2-7 染色体与端粒

这些研究虽然找到了温补肾阳和抗衰老之间的联系，但并没明确其具体的作用机制。这时沈自尹又将目光放到了核转录因子——NF-κB 的信号传导通路方面。果然，研究发现，温补肾阳可以使得 NF-κB 的衰老进程发生逆转。

通过进一步的动物实验研究证实，温补肾阳能显著提高小鼠的神经肌肉协调能力，提高记忆力，增加骨密度，并且其组织抗氧化能力得到提高，氧化应激对 DNA 造成的损伤有所减轻。

21 世纪是系统生物学的世纪，其基于整体对生物现象的机制进行研究，为中医学"肾阳虚"的实质研究及抗衰老机制研究提供了新的思路和视角。

利用全基因组转录水平、代谢组学和单个衰老相关的信号通路研究，沈自尹揭示了衰老在不同层面的共同规律，明确了肾阳虚与衰老的相关性背后确切的科学内涵，并通过一系列的实验研究，验证了温补肾阳可以从多个层面有效改善衰老的病理变化。

（五）肾阳虚证研究的重要意义

由于在肾阳虚科学内涵及肾本质研究上取得一系列原创性研究成果，沈自尹受到国内外学术界的高度关注。1997 年，沈自尹当选为中国科学院院士。

图 2-8　沈自尹院士

2006 年，沈自尹受到美国哈佛大学的邀请，站到这个被誉为世界医学最高水平的学术讲台上演讲，并和哈佛医学院前院长 Michel Robkin 交流。2017 年，沈自尹被评为全国名中医，并获得中国中西医结合学会"终身成就奖"、上海医学发展终身成就奖。但他认为，比起当选院士，他所从事的中西医结合研究，特别是关于肾阳虚实质的相关科学研究为学术界所认可和接受更为令人鼓舞。

从生理机制到病理改变，从抗衰老研究到临床应用，沈自尹从理论到实践，系统地揭示了中医肾阳虚及其肾本质。肾阳虚证研究是国内首先开展、持续时间长、影响广泛的中医基础理论研究，成为利用现代科学技术方法系统研究中医理论的典范。其后，众多学者也纷纷开展相关的研究。例如：北京中医药大学高思华教授牵头开展了"肺与大肠相表里"项目研究，王庆国教授牵头开展了"肝藏血、主疏泄"项目研究，上海中医药大学王拥军教授牵头开展了"肾藏精"项目研究，辽宁中医药大学杨关林教授牵头开展了"脾主运化、主统血"项目研究等。这些研究都从不同角度揭示了阴阳学说、藏象学说的科学内涵，证明阴阳学说、藏象学说等中医基础理论并非空穴来风，随着科学的不断发展以及研究的不断深入，相信中医理论的科学内涵将会不断被揭示，并由此推动中医学的不断进步与发展。

二、科学防病观，中医大有可为

（一）生活处处有中医

1. 日常生活中的治未病观

随着社会的发展与进步，现代医学向以预防为主的模式转化。而这一理念早在几千年以前就已经被我们的古人提出，并指导日常的疾病预防与治疗。治未病理念最早是在被称为群经之首的《易经》当中提出的，"君子以思患而豫防之"，反映了防患于未然的预防思想。《黄帝内经》则明确提出了"治未病"的概念。《素问·四气调神大论》曰："圣人不治已病治未病，不治已乱治未乱。"《素问·刺热》曰："肝热病者，左颊先赤；心热病者，颜先赤；脾热病者，鼻先赤；肺热病者，右颊先赤；肾热病者，颐先赤。病虽未发，见赤色者刺之，名曰治未病。"《灵枢·逆顺》曰："上工刺其未生者也；其次，刺其未盛者也；其次，刺其已衰者也……故曰：上工治未病，不治已病。"所谓治未病，即未病先防。张仲景在《金匮要略》中根据脏腑关系、五行相克的理论，提出了"见肝之病，知肝传脾，当先实脾"的观点，被历代医家奉为"治未病"之圭臬。治未病的理念和思想也深深地影响着人们日常生活，并体现在方方面面、点点滴滴当中。如"秋衣要扎在秋裤里，秋裤要扎在袜子里""肚子不能受风""饭后百步走，活到九十九""春捂秋冻，不生杂病"这些耳熟能详的俗语体现了"未病先防"的中医养生思想和观念。

（1）生活作息顺应自然

中医认为，人的生活作息应该根据春夏秋冬自然界变化规律而进行相应的调整。例如春季，阳气升发，万物复苏，人们可以适当多进行室外的运动，以适应人体内悄悄升发的阳气，因此，中国人喜欢在春三月到郊外踏青；春季白天变长，夜晚变短，所以人们应当早些起床工作，晚些睡觉。夏季是万物生长旺盛的季节，该季节的气温高，而且雨水多，会有暑湿之邪气扰体伤及心脏，因此在夏季要注重保养精神，调畅情志，保持积极健康的心态；夏季白天更长，夜晚更短，人们应当睡得更迟，起得更早。秋季，气温开始下降，树木枯萎，天气也开始变冷、变干燥；人们应当早睡早起。人体中阳气逐渐减弱，阴气开始生长，秋季养生应该注重食补，防止因秋燥而影响人体。冬季是万物凋零的季节，气候寒冷，也是阳气收藏、阴气最盛的时期。冬季人体阳气在内走过程中，脾胃运化功能会增强，人们会感觉食欲大开，所

图 2-9　端午节插艾叶

以中医认为冬季是进补的最佳时节；冬季太阳升得晚，落得早，人们应该睡得早，起得晚，与天日同步。如《素问·上古天真论》中所说："上古之人，其知道者……起居有常，不妄作劳，故能形与神俱，而尽终其天年，度百岁乃去。"自《黄帝内经》时代，经过千百年的发展，直到今天中国人依然秉持着这样顺应自然的生活作息。

除了日常生活作息外，传统节日中也能体现"治未病"的中医养生思想。端午节是中国传统节日之一。中国民间有"端午插艾"的习俗，一般用菖蒲作剑，用艾叶作虎，并且悬挂于门首，用以辟邪；香囊源于中医学"衣冠疗法"，香囊中的药物通过口鼻吸入、皮肤和经络吸收而发挥避秽祛浊、防御疾病的功效，因此在端午节佩戴香囊也成为一种习俗；端午节的另一大习俗"赛龙舟"，是一项全身性的体育运动，可以全面地拉伸舒展身体，使经络通畅，促进全身气血运行。

图 2-10 端午赛龙舟

（2）居住环境的选择有讲究

古人认为"宅，择也，择吉处而营之也"（《释名》）。因此，住宅位置的选择，也就成为环境养生的首要之事。人们选择住宅位置一般会尽量选择背阴向阳、避风、背山近水、幽静、林秀之地。清代文学家李渔在《闲情偶寄·居室部》中道："人之不能无屋，犹体之不能无衣，衣贵夏凉冬燠，房舍亦然。"乐业总是以安居作为前提条件的，居有定所也就成为人类社会从古至今的一个核心话题。良好的居住环境不但是人类生存的前提，还能为人体养生提供各种有利的条件。比如良好的住宅应该具有充足的阳光，新鲜的空气，避免受凉、受潮，乃至毒虫的侵害等特点。不同地区的居民往往就地取材，适应自然，利用原生态环境建造适宜居住的房屋，如黄土高坡的窑洞、川西的竹楼、福建的土楼。

图2-11 四川传统民居——竹楼

图2-12 福建传统民居——土楼

2. 人人成为自己的保健医

（1）运动调理——养生功法

导引是一种通过身心并练，内外兼修，以调和气血、防治疾病、延年益寿为目的的运动。它将肢体运动、呼吸运动和自我按摩三大技术结合在一起，是中国传统的养生术和体疗方法。其根据方法的不同大体分为两类：一是行气术，以呼吸锻炼为主，辅以形体和意念的训练，是后世所谓"静功"之肇基；二是导引术，以形体锻炼为主，辅以呼吸和意念的训练，是后世所谓"动功"的先导。《庄子·刻意》记载："吹呴呼

图2-13 马王堆汉墓出土的导引图

吸，吐故纳新，熊经鸟伸，为寿而已矣。此导引之士，养形之人，彭祖寿考者之所好也。"意思是说，像熊攀缘引体，像鸟儿展翅飞翔，嘘唏呼吸，吐去胸中浊气，吸纳清新空气，是延年益寿的方法。而人们在紧张不安的情况下，经常会被劝导做深呼吸动作，其实这里就包含了最简单的导引之法。

中华导引术在一招一势、一呼一吸之间融入了形神兼养的健康观念和防病于未然的前瞻意识，动静相生，强壮身心，祛病延年。于是，有学者将中华导引术称为"不生病的智慧"，恰如其分地说明了其"治未病"的深刻内涵。

　　五禽戏是华佗在广泛吸取前人养生经验的基础上，根据长期的医疗实践与观察，将仿生导引术与中医理论知识相结合形成的一种适用于养生保健的功法。华佗遵循"道法自然"的思想，观察自然界动物的活动特征，并从中获得灵感，模仿野生动物的自然行为习性和神态特征编创了五禽戏。他模仿的对象是自然界的动物，"物类相致，非有为也"（《论衡·感虚》），人的自然本性与动物的自然本性有许多相似之处。华佗选择模仿的动物有天上飞的、树上爬的、地上跑的，它们是天然地存在于自然之中的。因此，五禽戏的独特之处就在于，练习诸戏之前意想各禽之象，强调荡涤杂念，忘却自我，天人合一，脑中就自然呈现"禽"的意境。最终达到物我合一、物我两忘的佳境。五禽戏所模仿的动作和神态是自然而然、浑然天成的，源于动物日常的自然活动，而不是凭空想象，闭门造车。

　　华佗在整套五禽戏中采用模仿动物的某些动作特征，如：猛虎的威猛扑食，刚劲有力；小鹿的轻快飞奔，舒展身姿；黑熊的步履沉稳，笨而不拙；猿猴的蹿蹦跳跃，身手敏捷；鸟儿的昂然独立，展翅飞翔。这些动作可以使

图 2-14　华佗的五禽戏

人们在日常生活和劳动中无法充分运动的骨骼肌肉得到适当运动，正所谓"流水不腐，户枢不蠹"（《吕氏春秋·尽数》）。动作的一招一势都源于自然习性，展现自然状态，有理可循，有章可依。通过动作的形似，从而达到神似，再配合自然缓慢的呼吸引伸肢体，使人的自然本性得到维护和回归，最终达到气贯周身、通畅经络、运行气血、强健体魄的目的。

（2）中医特色疗法养生

灸法是常见的一种中医特色疗法，施灸所用的艾草来源非常广泛、价格便宜，操作时取穴简单，方法易于掌握，并且疗效甚佳，具有防病、治病的双重功效。正如俗语云："若要丹田安，三里常不干。"所谓"三里常不干"，就是经常对足三里穴施用艾灸疗法，可以激发经络之气，调动人体的免疫系统，使人体变得强壮。艾灸疗法的特点就是用微妙无为的诊治方法，疏通经脉气血，

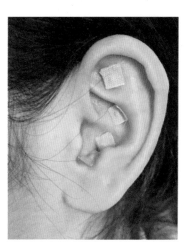

图 2-15　耳穴压豆法

使阴阳调和，将虚逆的元气变得顺实，并循经脉驱逐邪气，从而达到消除病邪，治疗疾病的目的。

耳穴压豆法是中国传统特色疗法之一。《灵枢·口问》中记载："耳者，宗脉之所聚也。"中医认为，耳郭是全身经络的汇集之处，其形态如同一个倒置的胎儿，人的五脏六腑均可以在耳郭上找到相关的对应点。当人体内某个脏腑有病时，往往会在耳郭上的相关穴区出现反应点敏感的现象，通过刺激该反应点可起到防病治病的作用。治疗时，将王不留行籽贴于患者耳穴处，通过适度的揉、按、捏、压动作以刺激反应点。此法简便易行，价格低

廉，安全无副作用，适应证广，可用于疼痛、便秘、失眠、高血压、糖尿病、青少年近视等多种病症的治疗。

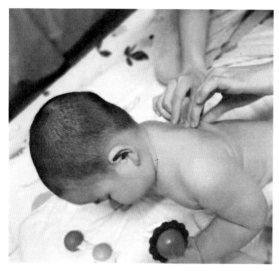

图 2-16　小儿捏脊疗法

小儿捏脊疗法受到很多妈妈的赞扬和支持。督脉在人体背部与脊柱位置重合，总督一身的阳气，膀胱经为阳经，位于督脉两侧，与督脉平行，与肾经相表里。捏脊疗法是利用提捏手法刺激小儿腰背部督脉和膀胱经上的穴位，起到通经活络、促进消化、补气、补阳、健肾壮腰等作用的一种疗法。捏脊疗法有推、压捏、提拉等手法，力道柔和而深透，方法简便易行，非常适合在家里操作。

（3）医食同根，药食同源

打开家里的橱柜，除了有油、盐、酱、醋等调味品外，还经常能见到大枣、桂皮、枸杞、蜂蜜这样的药食两用品，可见人们对于饮食的需求已经不仅限于温饱了。人们的饮食观从以前注重饮食的数量到现在更注重饮食的质量，实现了质的飞跃。2002 年，卫生部公布了既是食品又是药品的品种名单，如丁香、八角茴香、刀豆、小茴香、小蓟、山药、山楂等常见品都出现在其中。

食品之所以同时具有治疗疾病的作用，是因为它们同药物一样具有"四气五味"。所谓"四气"，指"寒、热、温、凉"四种性质，"五味"，指

"酸、苦、甘、辛、咸"五种味道。"四气五味"最早载于《神农本草经》，其序录中有云："药有酸咸甘苦辛五味，又有寒热温凉四气。"所谓药食同源，就是指食物同样具备四气五味的特性。食物的"四气五味"与人体的五脏以及四季气候变化关系密切，酸、苦、甘、辛、咸对应人体的肝、心、脾、肺、肾，人们根据不同季节的气候变化来选择与四季相匹配的食物以达到养生保健的目的，就是食疗养生。

根据"药食同源"理论，中医发明了药膳。所谓药膳，就是选取具有一定保健作用或治疗作用的食物，通过科学合理的搭配和烹调加工，做成的符合不同年龄、不同体质人群食用的色、香、味俱全的食品。这些食品既是美味佳肴，又具有养生保健、防病治病的功效。

除了专门的药膳餐厅或专门的药膳调配制作机构，人们在家中也可以轻松地做出一道美味的药膳。如冬日里热气腾腾的火锅，火锅底料有白果、大枣、枸杞、辣椒，加上人们热爱的羊肉，在冬天会起到很好的温补作用。餐

图 2-17 中医药膳参鸡汤

桌上的鸭血粉丝汤、当归生姜羊肉汤、蓝莓山药等，实际上都是药膳，既营养美味，又可以帮助人体抵御疾病，护卫身体。

中国药膳现在也逐渐出现在世界各地居民的餐桌之上。据考证，现今仍流行于欧美的不少食品都是 700 多年前由意大利人马可·波罗从中国带过去的。例如由中药紫苏叶沏成的法国"哈姆茶"，具有和胃理气、解食物毒性的功效。又如流行于意大利的"大黄酒"，其原配方见于孙思邈《备急千金要方》中，具有饭前开胃、饭后消食，以及次日通肠等特点。除此之外，许多中国传统保健饮料和食品也被投放到欧美市场，并广受欢迎。如韩国盛行以人参、桂皮、枸杞、五味子等为原料制作的各类保健茶。

膏方是中医药学汤、丸、散、膏、丹五大主要剂型之一。它是根据患者体质不同与病情的需要，选择单味或多味药物组成方剂，经多次煎熬，去渣，将药汁经微火浓缩，再加入某些辅料收膏，最终形成一种比较稠厚的糊状物，用于长期内服，以达到滋补或治病的目的。膏方容易储存，便于长期服用。民国时期的中医大家秦伯未曾说"膏方者，盖煎熬药汁成脂

图 2-18
中医膏方

液而所以营养五脏六腑之枯燥虚弱者，故俗亦称膏滋药""膏方非单纯补剂，乃包含救偏却病之义"。长期以来，中医膏方在临床实践中不断发展，发挥着独特的功用。药食同源膏方将成为未来养生的新趋势。近年来随着"治未病"理念深入人心，适用于慢性病调养及养生保健的膏方，又焕发了新的生机。

由江南一带红遍全国的膏方，因其养生疗疾之功效、独特的制作工艺、温润的外观和细腻滑利的口感，深得人们的青睐。现在市面上最常见的膏方有秋梨膏、川贝枇杷膏，对于秋天肺燥的人们来说，是不错的选择。膏方最大的特点是可以因人而异，量身定做的个性化膏方更受人们欢迎。由于中药味道多苦涩，对于儿童来说，服药较难，但是膏方的出现解决了这一难题。小儿容易出现脾胃功能运化不足的情况，可以服用健脾膏，口感佳，疗效好，深受家长们的欢迎，既解决了服药困难的问题，又可长期服用，无副作用。

（二）每个人的中医学——中医体质学说

1. 中医体质与治未病的关系

"治未病"理念就是根据每个人的体质特点，通过适当的饮食起居、情志调理、运动疗法及中药内服等方法，改善体质偏颇，增强免疫力，达到未病先防、既病防变的目的。

《灵枢·五变》云"肉不坚，腠理疏，则善病风""小骨弱肉者，善病寒热""粗理而肉不坚者，善病痹"。这几句话说明体质不同，感邪有别，不同体质的人对疾病的易感性不同，患病后疾病的发展转变规律也不同，用药后的反应同样不尽相同。

图 2-19 王琦院士

中医"治未病"与现代预防医学发展方向基本一致。由于个体差异性的存在,中医"治未病"的优势关键体现在中医体质辨识的基础作用方面。

由此,中国工程院院士、国医大师、北京中医药大学教授王琦在从事多年理论研究与临床实践的基础上创立了中医体质学说。利用该学说他根据不同体质及疾病的证进行辨识调治——纠正未病时的易感体质,纠正既病后易使病情加重、病程迁延的体质,纠正疾病初愈者易复发的体质,可在疾病发展的任何阶段进行针对性的施治,既能治已病,又能治未病。

2. 中医体质学说与体质辨识

中医体质,是指人体生命过程中,在先天禀赋和后天获得的基础上所形成的形态结构、生理功能和心理状态方面综合的、相对稳定的固有特质,是人类生长、发育过程中形成的与自然、社会环境相适应的人体个性特征,表现为结构、功能、代谢及对外界刺激反应等方面的个体差异性,对某些病因和疾病的易感性及疾病传变转归中某种倾向性,具有个体差异性、群类趋同性、相对稳定性和动态可变性等特点。

中医体质辨识是在中医体质学说的指导下,运用中医学范畴中的阴阳

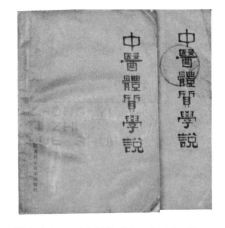

图 2-20 王琦主编的《中医体质学说》

学说、五行学说以及气血津液思想，对不同个体从生理、病理角度进行不同体质状态的研究。在此基础上，根据个体的中医体质分类，研究该体质的健康养生和疾病倾向。掌握辨别个体体质的方法，采用"辨体施养"方法制定个体化的养生方案，采取针对性的疾病预防、治疗和康复、护理措施，以达到"治未病""因人而治"的目的。中医体质辨识为疾病的个体化预防、治疗提供了一个新的思路。目前中医体质辨识已在我国基础公共卫生服务领域得到引用。

3. 中国人的九种体质

王琦教授根据前人经验及大量研究，将中医体质分为 9 个基本类型：平和质、气虚质、阳虚质、阴虚质、痰湿质、湿热质、气郁质、血瘀质、特禀质。9 个基本类型又可分为正常体质和偏颇体质。其中，平和质是指身体健康，心理正常，对外界环境、社会环境的适应能力强。其余 8 类属偏颇体质，机体可能处于亚健康或疾病状态。

图 2-21　王琦在给患者问诊

平和质

总体特征：阴阳气血调和，体态适中，面色红润，精力充沛。

形体特征：体形匀称健壮。

常见表现：面色、肤色润泽，头发稠密有光泽，目光有神，鼻色明润，嗅觉通利，唇色红润，不易疲劳，精力充沛，耐受寒热，睡眠良好，胃纳佳，二便正常，舌色淡红，苔薄白，脉和缓有力。

心理特征：性格随和开朗。

发病倾向：平素患病较少。

适应能力：对自然环境和社会环境适应能力较强。

表 2-1　平和体质自评表

请根据近一年的体验和感觉，回答以下问题	没有（根本不）	很少（有一点）	有时（有些）	经常（相当）	总是（非常）
（1）您精力充沛吗？	1	2	3	4	5
（2）您容易疲乏吗？ *	1	2	3	4	5
（3）您说话声音无力吗？ *	1	2	3	4	5
（4）您感到闷闷不乐吗？ *	1	2	3	4	5
（5）您比一般人耐受不了寒冷（冬天的寒冷，夏天的冷空调、电扇）吗？ *	1	2	3	4	5
（6）您能适应外界自然和社会环境的变化吗？	1	2	3	4	5
（7）您容易失眠吗？ *	1	2	3	4	5
（8）您容易忘事（健忘）吗？ *	1	2	3	4	5
判断结果：□是　　　　□倾向是　　　　□否					

注：标有 * 的条目须先逆向计分，即 1→5，2→4，3→3，4→2，5→1，再用公式转化分。

气虚质

总体特征：元气不足，易出现疲乏、气短、自汗等气虚表现。

形体特征：肌肉松软不实。

常见表现：平素语音低弱，气短懒言，容易疲劳，精神不振，易出汗，舌淡红，舌边有齿痕，脉弱。

心理特征：性格内向，不喜冒险。

发病倾向：易患感冒、内脏下垂等病。

适应能力：不耐受风、寒、暑、湿邪。

表 2-2　气虚体质自评表

请根据近一年的体验和感觉，回答以下问题	没有（根本不）	很少（有一点）	有时（有些）	经常（相当）	总是（非常）
（1）你容易疲乏吗？	1	2	3	4	5
（2）您容易气短（呼吸短促，接不上气）吗？	1	2	3	4	5
（3）您容易心慌吗？	1	2	3	4	5
（4）您容易头晕或站起时晕眩吗？	1	2	3	4	5
（5）您比别人容易患感冒吗？	1	2	3	4	5
（6）您喜欢安静、懒得说话吗？	1	2	3	4	5
（7）您说话声音无力吗？	1	2	3	4	5
（8）您活动量大就容易出虚汗吗？	1	2	3	4	5
判断结果：□是　　□倾向是　　□否					

阳虚质

总体特征：阳气不足，以畏寒怕冷、手足不温等虚寒表现为主要特征。

形体特征：肌肉松软不实。

常见表现：平素畏冷，手足不温，喜热饮食，精神不振，舌淡胖嫩，脉沉迟。

心理特征：性格多沉静、内向。

发病倾向：易患痰饮、肿胀、泄泻等病症；感邪易从寒化。

适应能力：耐夏不耐冬；易感风、寒、湿邪。

表 2-3　阳虚体质自评表

请根据近一年的体验和感觉，回答以下问题	没有（根本不）	很少（有一点）	有时（有些）	经常（相当）	总是（非常）
（1）您手脚发凉吗？	1	2	3	4	5
（2）您胃脘部、背部或腰膝部怕冷吗？	1	2	3	4	5
（3）您感到怕冷、衣服比别人穿得多吗？	1	2	3	4	5
（4）您比一般人耐受不了寒冷（冬天的寒冷，夏天的冷空调、电扇）吗？	1	2	3	4	5
（5）您比别人容易患感冒吗？	1	2	3	4	5
（6）您吃（喝）凉的东西会感到不舒服或者怕吃（喝）凉东西吗？	1	2	3	4	5
（7）你受凉或吃（喝）凉的东西后，容易腹泻（拉肚子）吗？	1	2	3	4	5
判断结果：□是　　　□倾向是　　　□否					

阴虚质

总体特征：阴液亏少，以口燥咽干、手足心热等虚热表现为主要特征。

形体特征：体形偏瘦。

常见表现：手足心热，口燥咽干，鼻微干，喜冷饮，大便干燥，舌红少津，脉细数。

心理特征：性情急躁，外向好动，活泼。

发病倾向：易患虚劳、失精、不寐等病症；感邪易从热化。

适应能力：耐冬不耐夏；不耐受暑、热、燥邪。

表 2-4　阴虚体质自评表

请根据近一年的体验和感觉，回答以下问题	没有（根本不）	很少（有一点）	有时（有些）	经常（相当）	总是（非常）
（1）您感到手脚心发热吗？	1	2	3	4	5
（2）您感觉身体、脸上发热吗？	1	2	3	4	5
（3）您皮肤或口唇干吗？	1	2	3	4	5
（4）您口唇的颜色比一般人红吗？	1	2	3	4	5
（5）您容易便秘或大便干燥吗？	1	2	3	4	5
（6）您面部两颧潮红或偏红吗？	1	2	3	4	5
（7）您感到眼睛干涩吗？	1	2	3	4	5
（8）您活动量稍大就容易出虚汗吗？	1	2	3	4	5
判断结果：□是　　　　□倾向是　　　□否					

特禀质

总体特征：先天失常，以生理缺陷、过敏反应等为主要特征。

形体特征：过敏体质者一般无特殊形体特征；部分人先天禀赋异常或有畸形，或有生理缺陷。

常见表现：过敏体质者常见哮喘、风团、咽痒、鼻塞、喷嚏等；患遗传性疾病者有垂直遗传、先天性、家族性特征；患胎传性疾病者具有母体影响胎儿个体生长发育及相关疾病特征。

心理特征：随禀质不同而情况各异。

发病倾向：过敏体质者易患哮喘、荨麻疹、花粉症及药物过敏等；遗传性疾病如血友病、先天愚型等；胎传性疾病如五迟、五软、解颅、胎惊等。

适应能力：适应能力差，如过敏体质者。

表 2-5　特禀体质自评表

请根据近一年的体验和感觉，回答以下问题	没有（根本不）	很少（有一点）	有时（有些）	经常（相当）	总是（非常）
（1）您没有感冒时也会打喷嚏吗？	1	2	3	4	5
（2）您没有感冒时也会鼻塞、流鼻涕吗？	1	2	3	4	5
（3）您有因季节变化、温度变化或异味等原因而咳喘的现象吗？	1	2	3	4	5
（4）您容易过敏（对药物、食物、气味、花粉或在季节交替、气候变化时）吗？	1	2	3	4	5
（5）您的皮肤容易起荨麻疹（风团、风疹块、风疙瘩）吗？	1	2	3	4	5
（6）您的皮肤因过敏出现过紫癜（紫红色瘀点、瘀斑）吗？	1	2	3	4	5
（7）您的皮肤一抓就红，并出现抓痕吗？	1	2	3	4	5
判断结果：□是　　　□倾向是　　　□否					

痰湿质

总体特征：痰湿凝聚，以形体肥胖、腹部肥满、口黏苔腻等痰湿表现为主要特征。

形体特征：体形肥胖，腹部肥满松软。

常见表现：面部皮肤油脂较多，多汗且黏，胸闷，痰多，口黏腻或甜，喜食肥甘甜黏之物，苔腻，脉滑。

心理特征：性格偏温和、稳重，多善于忍耐。

发病倾向：易患消渴、中风、胸痹等病。

适应能力：对梅雨季节及湿重环境适应能力差。

表 2-6　痰湿体质自评表

请根据近一年的体验和感觉，回答以下问题	没有（根本不）	很少（有一点）	有时（有些）	经常（相当）	总是（非常）
（1）您感到胸闷或腹部胀满吗？	1	2	3	4	5
（2）您感到身体沉重不轻松或不爽快吗？	1	2	3	4	5
（3）您腹部肥满松软吗？	1	2	3	4	5
（4）您有额部油脂分泌多的现象吗？	1	2	3	4	5
（5）您上眼睑比别人肿（轻微隆起的现象）吗？	1	2	3	4	5
（6）您嘴里有黏黏的感觉吗？	1	2	3	4	5
（7）您平时痰多，特别是咽喉部总感到有痰堵着吗？	1	2	3	4	5
（8）您舌苔厚腻或有舌苔厚厚的感觉吗？	1	2	3	4	5
判断结果：□是　　　　□倾向是　　　□否					

湿热质

总体特征：湿热内蕴，以面垢油光、口苦、苔黄腻等湿热表现为主要特征。

形体特征：形体中等或偏瘦。

常见表现：面垢油光，易生痤疮，口苦口干，身重困倦，大便黏滞不畅或燥结，小便短黄，男性易阴囊潮湿，女性易带下增多，舌质偏红，苔黄腻，脉滑数。

心理特征：容易心烦急躁。

发病倾向：易患疮疖、黄疸、热淋等病症。

适应能力：对夏末秋初湿热气候，湿重或气温偏高环境较难适应。

表 2-7　湿热体质自评表

请根据近一年的体验和感觉，回答以下问题	没有（根本不）	很少（有一点）	有时（有些）	经常（相当）	总是（非常）
（1）您面部或鼻部有油腻感或者油亮发光吗？	1	2	3	4	5
（2）你容易生痤疮或疮疖吗？	1	2	3	4	5
（3）您感到口苦或嘴里有异味吗？	1	2	3	4	5
（4）您大便黏滞不爽、有解不尽的感觉吗？	1	2	3	4	5
（5）您小便时尿道有发热感、尿色浓（深）吗？	1	2	3	4	5
（6）您带下色黄（白带颜色发黄）吗？（限女性回答）	1	2	3	4	5
（7）您的阴囊部位潮湿吗？	1	2	3	4	5
判断结果：□是　　　□倾向是　　　□否					

血瘀质

总体特征：血行不畅，以肤色晦黯、舌质紫黯等血瘀表现为主要特征。

形体特征：胖瘦均见。

常见表现：肤色晦黯，色素沉着，容易出现瘀斑，口唇黯淡，舌黯或有瘀点，舌下络脉紫黯或增粗，脉涩。

心理特征：易烦，健忘。

发病倾向：易患癥瘕及痛证、血证等。

适应能力：不耐受寒邪。

表 2-8　血瘀体质自评表

请根据近一年的体验和感觉，回答以下问题	没有（根本不）	很少（有一点）	有时（有些）	经常（相当）	总是（非常）
（1）您的皮肤在不知不觉中会出现青紫瘀斑（皮下出血）吗？	1	2	3	4	5
（2）您两颧部有细微红丝吗？	1	2	3	4	5
（3）您身体上有哪里疼痛吗？	1	2	3	4	5
（4）您面色晦黯或容易出现褐斑吗？	1	2	3	4	5
（5）您容易有黑眼圈吗？	1	2	3	4	5
（6）您容易忘事（健忘）吗？	1	2	3	4	5
（7）您口唇颜色偏黯吗？	1	2	3	4	5
判断结果：□是　　　　□倾向是　　　　□否					

气郁质

总体特征：气机郁滞，以神情抑郁、忧虑脆弱等气郁表现为主要特征。

形体特征：形体以瘦者为多。

常见表现：神情抑郁，情感脆弱，烦闷不乐，舌淡红，苔薄白，脉弦。

心理特征：性格内向不稳定、敏感多虑。

发病倾向：易患脏躁、梅核气、百合病及郁证等。

适应能力：对精神刺激适应能力较差；不适应阴雨天气。

表 2-9　气郁体质自评表

请根据近一年的体验和感觉，回答以下问题	没有（根本不）	很少（有一点）	有时（有些）	经常（相当）	总是（非常）
（1）您感到闷闷不乐吗？	1	2	3	4	5
（2）您容易精神紧张、焦虑不安吗？	1	2	3	4	5
（3）您多愁善感、感情脆弱吗？	1	2	3	4	5
（4）您容易感到害怕或受到惊吓吗？	1	2	3	4	5
（5）您胁肋部或乳房胀痛吗？	1	2	3	4	5
（6）您无缘无故叹气吗？	1	2	3	4	5
（7）您咽喉部有异物感，且吐之不出、咽之不下吗？	1	2	3	4	5
判断结果：□是　　　□倾向是　　　□否					

4. 中医体质分类及判定标准的应用

中华中医药学会在王琦的九分法基础上，编制了《中医体质分类与判定》和《中医体质量表》，形成健康状态评价方法，用以指导预防保健和医疗实践。2009 年，国家中医药管理局颁布了《中医体质分类与判定》标准，使得临床应用中医体质辨识有了科学的指导和规范。《中医体质分类与判定》作为有效的方法与工具对人群进行体质辨识，可对亚健康状态、慢性疾病及康复期的人群与个体进行生活行为指导、养生保健、医疗干预和个性化的健康管理服务。

开展体质辨识"治未病"健康服务符合国家中长期发展规划"人口与健康"领域中的"疾病防治重心前移，坚持预防为主，促进健康和防治疾病结合"的精神。体质辨识以其可操作性强、成本低、容易接受等特点，已陆续在各地"治未病"中心、社区居民健康档案管理部门及老年人中医药健康管理服务机构等领域推广使用，受益人群涉及普通民众、慢性病患者、亚健康人群、孕产妇及婴幼儿。体质辨识的广泛应用对于今后进一步构建具有中医特

图 2-22　2009 年《中医体质分类与判定》标准发布会在北京召开

色的医疗保健服务体系必将起到更加重要的促进作用。

WHO 在《迎接 21 世纪挑战》报告中指出："21 世纪的医学，不应继续以疾病为主要研究对象，而应以人类健康作为医学研究的主要方向。"即将医学的重心从"治已病"向"治未病"转移，说明以人的健康为研究对象与实践目标的健康医学是今后医学发展的方向。中医"治未病"理论的实践对于预防疾病的发生，提高国民健康素质，完善具有中国特色的医疗卫生保健体系具有战略意义。

（三）一带一路的"健康使者"

1. 走出去的中医药

随着中医药产业的长足发展，中药材出口呈较快增长。据中国海关数据统计，2001～2010 年，我国的中草药出口稳步增长。中药材出口额从 10 亿美元增长至 12 亿美元，10 年增加 20%；从出口少量人参等特产药材发展到出口几百种常用药材，品种规格日渐丰富，质量明显提高。我国中药材出口市场由 87 个增加到 109 个，更多的国家和地区开始熟悉中医药，共享中医药带来的健康服务。亚洲这一传统市场持续保持优势，所占份额在 80% 以上，对日本、韩国、越南等国家出口长期排在前列。我国已成为日、韩、东盟等国家和地区使用中药的主要原料供应地，这些地区的传统医药对我国中药材的依赖度越来越高。中国－东盟自由贸易区启动以来，东盟市场表现出抢眼的增长潜力，我国与东盟各国间中药类商品的关税大幅降低，通关更加便利，中药材、中药饮片的贸易额屡创新高。中药材经营企业在国际市场"摸爬滚打"的过程中，熟悉并掌握了国际规则与标准，大部分中药材出口企业通过 GMP 认证，部分企业还通过了欧盟和韩国 GMP 认证，逐步成长为国际企业，并创造出一批有影响力的品牌药。

云南素有"植物王国""生物基因库""药材之乡"的美誉，境内有天然药用资源6559种，占全国总数的51%以上，是全球生物多样性最丰富、最集中的地区之一。近年来利用地缘优势，积极加强与南亚、东南亚的交流与合作，通过举办"大湄公河次区域传统医药交流会"等方式，提升中医药的影响力。2017年初，云南省中医药数据中心、中国中医科学院中医药数据中心云南分中心同时挂牌，构建辐射南亚、东南亚的中医药数据中心和信息资源中心，也为建设南亚、东南亚传统医药交流合作中心创造了条件。云南还抓住国家实施《中医药"一带一路"发展规划（2016—2020年）》的机遇，深化与周边国家和地区间的传统医药交流合作，积极争取国家中医药海外中心和对外交流合作示范基地落户云南，持续推进中医药、民族医药的发展，以促进云南中医药事业向前发展。

图2-23 云南省文山市三七种植园

甘肃是全国中药材资源大省，素有"千年药乡""天然药库"之称。发展规划甘肃省内 180 个中医药产品在境外注册，其中当归、黄芪等优势大宗中药材出口量占全国的 90% 以上，出口额 4000 多万元。目前，甘肃省正在发展药食两用蔬菜 90 万亩，大力扶持药膳、药食两用蔬菜种植、中医药养生旅游、中医药文化、医养结合等健康产业的发展，充分利用中医药治未病优势满足群众多元化的健康需求，借助陇东南国家中医养生保健旅游创新区平台，投资 40 亿元建设 8 个中医生态养生园，推出了 10 条中医养生旅游精品线路。

安徽省委省政府高度重视中药这一特色优势产业的发展，将其列为战略性新兴产业予以重点支持，全省首批 14 家战略性新兴产业基地就包括亳州现代中药产业集聚发展基地。如今，现代中药产业已经是亳州市重要支柱产业，涵盖一二三产，产业链条长，创新潜力大。亳州拥有丰富的中药材自然

图 2-24　亳州中药材交易市场

资源和中医药文化资源，是全国重要的中药材种植加工基地，现有中药材资源 171 科 410 种，常年种植的中药材有 230 多种，其中道地药材有亳菊、亳芍、亳花粉、亳桑皮 4 种，种植的大宗药材有白芍、白术、牡丹等 30 多种。2018 年亳州中医药交易额 743 亿元，约占全国的 7%；中药材及饮片出口额 1.8 亿美元，约占全国的 20%。

随着"一带一路"倡议的提出，走出国门的不仅仅是中医中药，还有中医"治未病"养生保健的思维模式。现代健康理念下，WHO 于 1996 年提出新的医学理念：21 世纪的医学不应该继续以疾病为主要研究领域，而应该以人的健康为主要研究方向。也就是说 21 世纪的医学将从"疾病医学"向"健康医学"转变。近年来，人们已经大部分接受了现代健康理念，认为健康已经不是单纯的"非疾病"状态，还包括人们的心理健康、行为健康、生理健康等一系列的健康状态。中医"治未病"理念注重养生保健、预防疾病，这与现代健康理念相吻合，积极发挥中医药文化优势已成为新时代对于健康需求的发展潮流。

2. 走向世界的太极拳

太极拳，因其动作连绵柔和被古人称为"绵拳""软手"。"太极"最早出现在《周易》中，书中指出："易有太极，是生两仪，四象生八卦，八卦定吉凶，吉凶生大业。"可以看出，"太极"与人的生存发展息息相关。而太极拳作为武术的一种，属于内家拳。其特点为动作呈圆弧形，连贯而不间断，并与古代导引术和吐纳术相结合，吸取了古典哲学和传统中医理论的精髓，内外兼练，动作柔和、缓慢、轻灵。作为中医运动养生方法中的一种，太极拳是老、弱、病群体用来增强体质健康，预防和治疗疾病，延长生命的一种最适宜的运动方式，其作用也逐渐被世界各国人民认可。

图 2-25 太极拳

　　苏格兰一家医院将历史悠久的中国太极拳列为关节炎患者的康复疗程之一。美国波士顿专家的研究亦证实，经常练习太极拳可改善关节炎症状。早在 1996 年，美国亚特兰大埃默里大学的康复医学教授 Steven.L.Wolf 博士就曾对太极拳进行过研究。他发现，练太极拳的老年人跌倒的概率下降了 48%，原因可能是太极拳能增强力量、忍耐性、活动力、平衡力以及保持心血管健康。美国波士顿丹纳法伯癌症研究院的哈特曼医生，邀请了 33 名患有退化性关节炎的患者参与研究，每周 3 次，每次练习 1 小时太极拳。经过一段时间，患者的关节炎症状明显改善，各方面的功能都有所改进。值得注意的是，这些患者的心理状况亦有所改善，例如患者抱怨疾病缠身的次数减少，对生活的满意度有所增加。哈特曼医生指出，另一批一起接受其他传统医学治疗的患者则没有以上的变化。还有研究认为，太极拳在一定程度上可以缓解焦虑和精神压抑。美国波士顿塔夫茨医疗中心的王晨医生说，经过研究发现，通过太极拳运动获益的不只是老年人。研究结果表明，9～11岁的学生打太极拳对减轻学习压力有作用。打太极拳可以提高 20～24 岁年轻人的睡眠质量。王医生的研究还发现，不管是身体健康，还是心脏曾经出现过问题（比如中风或做过心脏搭桥手术）或是高血压患者，在练习太极拳以后，心肺功能都有所提高。

美国《老人医学杂志》发表过一篇论文，称打太极拳可增强人体免疫功能。此研究将健康的老年人分成两组，实验组持续打太极拳 16 周，对照组则上健康教育课 16 周，之后所有人接受带状疱疹疫苗注射。结果发现，打疫苗前，太极拳组的免疫力已经比上健康教育课组好；打疫苗后，实验组免疫反应激增四成，远高于对照组。一般而言，老年人对于疫苗常常没有完全的免疫反应，打疫苗效果较年轻人差，而此实验结果显示打太极拳对增强老年人的免疫力有极显著的作用。

3. 参与世界的话语权

世界中医药学会联合会（简称世中联）举办的"世界中医药大会"，是传播中医药文化，促进中医药学术海外发展的平台，也是一项推动中医药海

图 2-26　2019 年第 16 届世界中医药大会在匈牙利召开

外发展的"长征行动",虽然面临很多困难和挑战,但其对中医药海外发展作用明确,意义重大。中医药国际发展的成果、国际影响力和可持续发展能力也能通过世界中医药大会进行展示和表达。以世界中医药大会作为学术交流龙头推动中医药海外发展已取得了很好的成效。

(四)健康管理的中医方案

当我们展开中医治未病发展的画卷时,就能发现这幅长卷的点睛之笔——健康管理。它将治未病理念乃至将中医药代入了"鲲鹏乘风起,扶摇九万里"的崭新时代,使中医的养生保健思想在社会各个领域发挥重要作用。

1. 飞向太空的"神奇"中医药

"01 感觉良好""02 感觉良好""03 感觉良好",通过实时医学监测、常规医学检查、医监询问、心理支持通话等手段,中国航天员中心综合判定"神舟九号"飞船中 3 名航天员身心状态良好。中国航天员中心医监医保研究室主任李勇枝说:"按照国际载人航天飞行经验,航天员进入太空后的初期,是空

图 2-27 两位航天员在天宫二号舱内准备进餐

间运动病的高发期。我国自主创新研制的中药'太空养心丸'，为神舟九号航天员翱翔太空发挥了独特作用。一天吃3次，直接装配在餐包里，随航天员每顿饭一起服用，有助于维护航天员心肺储备和失重环境心脑血管功能的正常。"

航天员在失重状态下会出现眩晕、疲劳、呕吐、免疫力下降、骨骼中的钙流失等症状，在密闭的空间里作业压力大易引发头痛、失眠症状，而"太空养心丸"能调节身体中的气血，使航天员身体内的阴阳调和。其中，人参可以遏制过度压力引起的阳气外泄，并且能帮助航天员提高睡眠质量；陈皮可以帮助航天员调畅体内气息；从五加皮里提取的有效成分可以使宇宙空间的放射线对人体的影响降至最低。所有这些中药的效用都是为了让失重状态下的航天员身体中容易失衡的气循环和血循环回归到正常状态。

以上实践证明，中医药在载人航天飞行中能增强空间环境中航天员的心血管功能，提高机体免疫力，在防治空间运动病方面发挥了明显作用。近年来，中医药院校为适应我国航空航天事业发展需求，成立航天中医药学这一中医药学与载人航天工程相结合的新兴交叉学科，深化合作，为我国载人航天事业保驾护航。

2. 泳坛"飞人"的中医药情结

号称泳坛"飞人"的澳大利亚泳坛名将菲尔普斯，在北京奥运会期间可不只是因为获得金牌而受到万众瞩目。据《每日邮报》披露，菲尔普斯很喜欢拔罐疗法，与其他人不同的是，他更喜欢加热后拔罐。该报还表示，如果你看到美国选手身上有罐子的印迹，那就是经常拔罐所致。的确，不止是菲尔普斯，连美国一些男子体操运动员，也在使用拔罐疗法。比如体操运动员纳多尔在接受采访时就表示："拔罐比其他花很多钱去治疗的方式效果都棒。入行这么多年，我身体受到很多伤害，拔罐是我至今获得的最好的缓解疼痛的方法，它彻底将我从痛苦中解救出来。"

事实上，除了火罐，很多中医疗法，如针灸、推拿等都已经成为全球体育界运动康复的重要手段。借鉴北京奥运会的成功经验，两年后的广州亚运会组织方专门在亚运城运动员村为运动员和教练员开设了中医门诊，针灸、拔火罐、熏蒸、汗蒸都引得好奇的外国运动员纷纷前往一试。

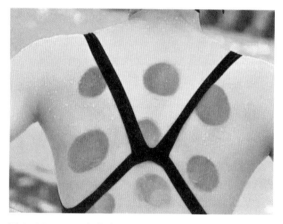

图 2-28　2008 年北京奥运会期间游泳运动员通过拔罐进行机体调节放松

据亚运会医疗门诊部康复科副主任童娟当时介绍，外国运动员接受针灸、拔火罐和熏蒸等方法的主要目的还是希望通过中国特色的理疗方法，缓解他们的慢性损伤、急性拉伤等引起的疼痛。其中以游泳、板球、举重等赛事的运动员为主。不少运动员经过理疗后感觉很好，称赞这些方法确实有效。一位叙利亚举重运动员在参加北京奥运会前半年就开始了解并使用中药熏蒸疗法，他坦言以前下肢乏力的症状现在已经明显改善，感慨中医的伟大并表示会长期使用。

有了多次大型国际运动赛事的服务经验，在 2022 年冬奥会筹备工作中，河北省体育局和首都医科大学附属北京中医医院签署了战略合作协议，运动员在比赛、训练中发生伤病，将享受中医诊疗绿色通道。北京中医医院院长刘清泉表示，针对运动员在比赛中发生的运动损伤，中医有很多特色疗法。比如对于一些疼痛剧烈的运动伤害，针灸能起到很好的镇痛作用；运动过程中突发的肌肉痉挛，通过中医手法按摩或针灸，能让症状迅速得到缓解。

目前，北京中医医院已与北京中医医院延庆医院、张家口中医院建立合作，成立了一支以骨伤、推拿、疼痛、针灸和外科为主的中医医疗保障队伍，并选派专家对河北省体育局相关人员进行培训，以便能够更好地服务于冬奥会。

3. 全媒体助力知识传播

想要使健康知识得到普及，并不断扩大和加深其在人群中的认知，就要有可持续的健康知识的获得渠道。为此，国家中医药管理局通过成立中医药文化科普巡讲团、举办"中医中药中国行"活动、开设"中国中医"微信公众号等方式科普中医药知识。《中国中医药报》《健康报》已经成为大众喜闻乐见的健康读物。中央电视台《健康之路》与北京卫视《养生堂》等电视节目也在不断传播中医药。而"首都中医治未病""治未病分会"等微信公众

图 2-29　2018 年 10 月 25 日，中医中药中国行香港活动现场

号也成为中医"治未病"科普的攻坚力量。同时，各级中医医疗机构积极开展"治未病"知识宣教活动，普及中医保健知识。

通过新媒体手段多方宣传，通过多形式使人民群众广泛参与，治未病理念已不再是"纸上谈兵"，早已深入人心，人们将养生知识从"挂在嘴边"变成"做在手边"，全民追求健康蔚然成风，并且在服务"健康中国"行动中为"实现健康素养人人有"的目标贡献力量。

4. 养成健康好习惯

饮食五味是人体赖以生存的物质基础，是影响人类健康长寿的主要因素。《黄帝内经》中论述："五谷为养，五果为助，五畜为益，五菜为充，气味合而服之，以补益精气。"明确指出合理膳食应包括谷类、肉类、水果、蔬菜，而且分别起到"养""助""益"和"充"的作用。经过调查发现，大多数健康长寿的老人都不挑食、不偏食，饮食比较规律。多数健康长寿老人

图 2-30　图解《中国居民膳食指南》

的主食以面食、大米、玉米为主，佐以各种豆类、红薯、土豆等，优质蛋白的摄取主要以蛋类为主，常食鱼类，肉类以瘦肉为主，食少量奶；多吃新鲜蔬菜，有的还吃野菜，喜欢饮水；多数受访者没有吸烟、饮酒等不良嗜好，不喜欢吃高盐和腌渍食物。他们的膳食结构显示出低盐、低热量、低脂肪、低蛋白的特点，这与我国营养学家所设计的《中国居民膳食指南》中说的"食物多样，谷类为主，多吃蔬菜、水果和薯类，经常吃适量鱼、禽、蛋、瘦肉，少吃肥肉和荤油"的说法相一致。

想要获得健康身体，就要保证身体内气血运行通畅。先秦时期著作《吕氏春秋·尽数》云："流水不腐，户枢不蠹，动也，形气亦然，形不动则精不流，精不流则气郁。"《三国志·华佗传》载："人体欲得劳动，但不当使极尔，动摇则谷气得消，血脉流通，病不得生，譬犹户枢不朽是也。"朱丹溪的《格致余论》讲："天之为物，故恒于动，人之有生亦恒于动。"明清时期的《仙传四十九方》指出"凡人身体不安，做此禽兽之戏，汗出，疾即愈矣""养生莫善于动"，动"才能健人筋骨，调人性情，长人信义""一身动一身强""动，小之却一身疾病，大之措民物之安"，最终实现"尽其天年度百岁乃去"。运动养生是借助身体锻炼，通过活动筋骨，调节气息，静心宁神，来畅达经络，疏通气血，调节脏腑，从而实现强健体质、延年益寿之目标。运动养生既可调畅身心，预防亚健康状态的出现，又可治未病，促进愈后恢复。

《素问·四气调神大论》提出养生大法，不仅强调在不同的季节采用不同的饮食、药饵、吐纳导引、养藏的方式养生，而且以四季的情志调节、起居模式等为要点进行了具体阐述，如四季的情志调摄应按照生长化收藏的不同特点进行。春生之气应养其肝，使肝气升发而情志舒畅。夏日炎炎，天地气蒸，不要因昼长炎热而生厌恶烦躁之情，或因炎暑慵懒而无所事事，应当养心静神，保持宁静愉快的心情。秋天是肃杀之气降临的季节，形神调摄也应顺其收成之势以缓秋刑。同时秋天也是万物成熟收获的季节，人们既有收获的喜悦，面对肃杀之气也难免触景生情，易于"悲秋"，产生失落感和惆怅情绪。此时可仿效万物收藏之意，早卧早起，使情志活动渐趋内守，收敛神气，安宁心志；减少不必要的应酬活动，以缓和秋令肃杀之气对人体的不良影响。冬天是万物蛰藏、阴气盛实的季节，形神调摄应当顺应潜藏之势，情志活动则应静谧内收，不为物欲所动，使心境恬愉安宁，若有所得。

以高血压为例。在中国每个家庭都会有一人或者多人患有高血压疾病，目前全国的高血压患者已达 2.7 亿，这就意味着每 5 个中国人中就会有一个人患有高血压。据统计，中国 18 岁及以上居民高血压患病率为 25.2% 并逐年呈上升趋势，同时，我国高血压流行有一个显著的特点——从南方到北方，高血压患病率逐年递增。北方高血压的人群患病率更高主要是与饮食习

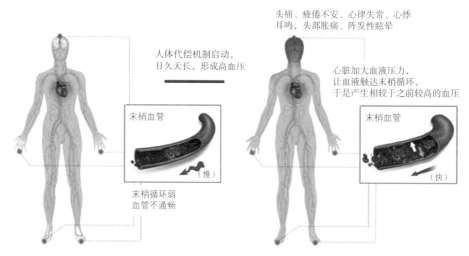

图 2-31　高血压的形成示意图

惯相关。北方人嗜咸，在其餐桌上，菜肴以咸味居多，而且很多北方人都喜欢吃腌制的咸菜。

在我国，高血压主要的危险因素除了上面说到的高钠膳食外，还有一个因素就是肥胖。从中国成年人超重和肥胖与高血压发病关系的随访研究结果中可以发现，随着体质指数（BMI）的增加，超重组和肥胖组的高血压发病风险是体重正常组的 1.16 ~ 1.28 倍。其中，内脏型肥胖与高血压的关系较为密切，随着内脏脂肪指数的增加，高血压患病风险增加。现代社会中，超重和肥胖的人数逐年递增，这与饮食和作息二者密切相关。每日三餐不规律，不吃早饭、暴饮暴食者大有人在，还有近几年因为外卖的便利，很多人都会在中午和晚上选择外卖，无形当中也增加了多油多盐食物的摄入；作息时间的规律对于拥有众多电子产品的现代人来说，变得越来越难以保持，凌晨 1 ~ 2 点睡觉可能是很多人的常态。还有缺乏运动也是导致肥胖的重要原因，当今社会由于工作紧张、压力大，运动量不足，长此以往，身体素质越

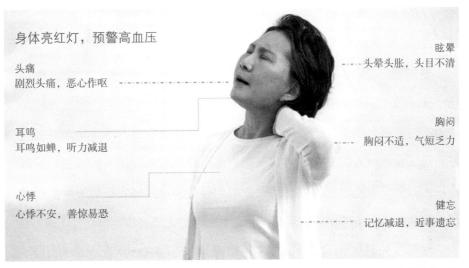

身体亮红灯，预警高血压

头痛
剧烈头痛，恶心作呕

耳鸣
耳鸣如蝉，听力减退

心悸
心悸不安，善惊易恐

眩晕
头晕头胀，头目不清

胸闷
胸闷不适，气短乏力

健忘
记忆减退，近事遗忘

图 2-32　高血压早期的蛛丝马迹

来越差，体重一路攀升。

高钠膳食和肥胖是高血压产生的两大主要原因，在生活中患者除要按时服用治疗高血压药物，也要从这两点主要原因出发，即调整自己的生活习惯和提高身体素质。在临床中，一个高血压患者往往伴有心脑血管疾病。对我国人群监测数据显示，心脑血管疾病死亡占总死亡人数的 40% 以上，其中脑卒中是我国高血压人群最主要的心血管风险，预防脑卒中是我国治疗高血压的重要目标。

无论是高血压还是其他疾病的发生，都与不良的生活习惯有关。要想获得高质量的健康生活，就要调整生活习惯，首先就要从日常饮食入手。

三、传承精华，筑牢战"疫"防线

（一）中医抗疫史鉴

根据史料记载，我国至少有 3000 年以上的疫病历史。自公元前 243 年"天下疫"开始，至 1949 年止，中华民族经历大疫 500 余次，每一次疫情的控制都有中医药的参与。相比历史上西方疫病暴发经常导致三分之一甚至是二分之一人口的损失，数千年来我国人口基本保持平稳增长，一直到清代人口更是大幅增长。中医药对中华民族的繁衍昌盛功不可没。历代医家在与疫病的抗争中也积累了丰富的抗疫经验和抗疫知识。

早在殷商时期就有关于烟熏防疫的记载。《周礼·秋官》中有用莽草、嘉草等烧熏驱蛊防病方法的记载，"凡驱蛊，则令之""除毒蛊，以嘉草攻之""除蠹物，以莽草熏之，凡庶蛊之事"。根据出土的竹简中记载，秦代，凡入城，其车乘和马具都要经过火燎烟熏以消毒防疫。敦煌石窟中发现有一幅"殷人爟火防疫图"，说明中国民间传统的防疫方法，已有3000多年历史。

《素问·刺法论》提到"五疫之至，皆相染易，无问大小，病状相似"，明确了疫病传染性强，病症相似的特点。并解释了疠气损及人体，有发病和不发病之分，发病之后也有轻重之分的原因，即"不相染者，正气存内，邪不可干，避其毒气"，指明了防治疫病的思路在于庇护正气。另外，《素问》还为疫病提供了更具特色的发病观和治疗观指导。

东汉末年医圣张仲景在其所著的《伤寒杂病论》中创立了麻黄汤、白虎汤、小柴胡汤、射干麻黄汤、麻杏石甘

图2-33　西汉鎏银骑兽人物博山炉
（河北博物馆藏）

汤等，这些经典名方一直沿用至今，在治疗外感病、疫病方面均发挥着重要作用。在这次新冠肺炎防治方案中脱颖而出的"清肺排毒汤"就是由麻杏石甘汤、小柴胡汤、射干麻黄汤、五苓散、橘枳姜汤等合方加减而成。

晋代葛洪在《肘后备急方》中对于伤寒、疟疾、天花、狂犬病等传染病的症状及治法描述得非常详细。葛洪还在该书中首次提出空气消毒药方。他认为通过熏烧药物的方式，可以预防疫病。所收录的空气消毒药方涉及

药物 11 种，矿物类有雄黄、雌黄、朱砂、矾石，植物类有鬼箭、鬼臼、皂荚、芜荑，动物和其他类有虎头、羚羊角、蜡蜜等。书中详细记载了空气消毒法：用以雄黄、雌黄、朱砂等为主的消毒药物制成太乙流金方、虎头杀鬼方等方剂，或携带于身上或悬挂于屋中或在房屋中烧熏进行空气消毒。此外，该书还记载"辟温病粉身散方：川芎、白芷、藁本（各等分），上三味治下筛，纳（米）粉中以涂粉于身"。唐代孙思邈在《备急千金要方》《千金翼方》中总结了防治疫病经验，并收载 42 首相关方剂。其中，《备急千金要方》中将熏烟防疫作为预防传染病的主要方法之一。书中熏烟防疫药物有散剂和丸剂两类，散剂如"太乙流金散"等，丸剂如"雄黄丸"等。其使用方法以熏烧为主。这些熏烟防疫药物不仅用于疫病流行时的预防，还可用于日常的卫生保健、疾病预防。如当时人们已经认识到阴天大雾不利于人体健康，且知道利用熏烧药物的方法来净化空气，将药物用于日常的"空气消毒"。这些药物还可被用于吊丧、问病，以防染病。《备急千金要方》中所载药物亦十分丰富，较《肘后备急方》有了大量增加。其中空气消毒药方增加到了 33 种。矿物类增加 2 种，有空青和曾青；植物类增加 10 种，有白术、白芷、菖蒲、川芎、鬼督邮、桔梗、藜芦、野丈人、石长生和女青；动物类和其他类增加了樗鸡、上雄鸡头、羚羊角、龟甲、貆猪屎、鲮鲤甲、龙骨、马悬蹄、青羊脂、蝟皮和真珠等。王焘在《外台秘要》中也收载了防治温病与疫病的方剂数十首。

两宋至金元时期，人们已经对疫病防治有了较为成熟的经验及思路，并且形成了官 - 医 - 民结合的方式进行联防联控，为后世沿用。另外，也是从宋朝开始，开启了中成药参与疫病防治的模式，提高了防治效率。宋代的《圣济总录》中记载"流金散方"和"雄黄丸方"，以香佩法施药可"辟瘟疫令不相传染"。金元时期是中医人才辈出的时代，金元四大家之一的刘完素，提倡使用寒凉清热的方法治疗热病、疫病，其创制的防风通圣散、双解散对后世防治疫病影响深远。还有金元四大家之一李东垣，开辟了治疗大头瘟的先河，其创制的普济消毒饮大大提高了治愈率。

图 2-34 古人佩戴香囊驱邪避秽

明代李时珍在《本草纲目》中提出运用高温熏蒸患者身体及蒸煮其接触者的衣物，使用艾叶、苍术、硫黄等具有芳香辟秽功效的中药熏房间，用泽兰烧汤沐浴等方式能够有效防控疫情，在新冠肺炎疫情防控中就有提倡使用艾熏房间来预防的报道。另外，明代人们已熟练运用"人痘接种法"治疗天花。经梳理，"人痘接种法"大致有四种。第一种是痘衣法：是把患天花（痘疮）小孩的内衣交给别的小孩穿上，这个小孩便发生天花，从而得到免疫。这是最原始的方法，可靠性差，危险性也大。第二种是痘浆法：采取痘疮的泡浆，用棉花蘸染后塞进被接种者的鼻孔。这种方法会导致直接感染，危险性最大。第三种是旱苗法：是把痘痂研细，用银质的小管吹入被接种者的鼻孔。这种方法较前种安全，效果也较可靠。第四种是水苗法：把痘痂研细并用水调匀，用棉花蘸染塞入被接种者的鼻孔。此法较为安全，效果也优于旱苗法。

图 2-35 痘医种痘图

人痘接种虽然经过选取、蓄苗（在适宜条件下藏贮）等一系操作程序，但总体来说还都是要感染一次天花，尽管做水苗等处理，但仍有相当大的危险性，这种取自天花患者痘痂的种痘方式称"时苗"。此后在多次实践中，选择苗种的经验不断发展，就用接种多次以后，经几代传递而成"苗性和平"的痘痂作疫苗，称为"熟苗"。"熟苗"本质上是一种减毒的疫苗，已经发生了"质"的改变，无疑是比"时苗"要安全得多。熟苗法在清代郑望颐的《种痘方》、朱奕梁的《种痘心法》等书中均有所论述。由于人痘接种法的成熟，清代已设立种痘局（《清史稿·黄辅辰传》），这也是世界上最早的免疫机构。痘术在当时无疑是领先的技术发明，受到了各国的重视，先后流传到俄罗斯、朝鲜、日本等国，又经过俄罗斯传到土耳其及欧洲、非洲等国。

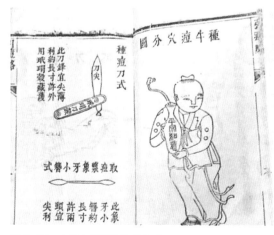

图 2-36 古籍中记载的种痘方式

将此法传播到世界各

地，在 200 年后英国琴纳医生据此发明了牛痘接种法。由于牛痘接种术在全世界的推广、传播，天花得以控制，直至 1979 年 10 月 26 日 WHO 在内罗毕宣布全球消灭天花，这是人类真正第一次控制了一个烈性传染病。我国人痘接种法发明的意义，远不止于它是牛痘发明之前预防天花的有效方法，更重要的是，它成为人工免疫法的先驱，向世界贡献了卓越的中国智慧。明末，疫病进入高发期。吴又可根据当时情况，提出"戾气"学说，他认为"温疫之为病，非风、非寒、非暑、非湿，乃天地间别有一种异气所感"。此"异气"即为"戾气"，有别于风寒暑湿等六淫邪气，科学性地预见了细菌、病毒等微生物的存在。并创立了达原饮等多个专治疫病的名方，写成了首部专门论述疫病的书籍——《温疫论》。在这次新冠肺炎的中医治疗中，达原饮也是经常提到的一个方剂。

图 2-37
《温疫论》清刻本

　　在前人治疗思路的基础上，清代医家传承创新形成了温病学说。最具有代表性的就是叶天士、薛雪、吴鞠通、王孟英，即"温病四大家"。他们开辟了"卫气营血"辨证方法，形成了温病的辨治体系，涌现出无数名方，如银翘散等。另外，在清末暴发的东北鼠疫中，伍连德运用显微镜明确疫病的类型，施以更具有针对性的治疗手段，也敦促政府因瘟疫召开首次国际学术会议，推动了中国近代公共卫生防疫事业的发展。

中华人民共和国成立以后，我国卫生条件得到明显改善，但依然发生了几次较大规模的传染病流行事件，回顾这几次公共卫生事件能够快速得到有效控制，依然得益于中医药的参与。

（二）助力疫情防控，中医药大有可为

1. 流行性乙型脑炎——"暑温"与"湿温"

1954 年夏天，河北省石家庄市连降 7 天暴雨，天气潮热，加上洪水过境，湿气大盛，以致湿热熏蒸。受当时卫生防疫条件所限，灾后石家庄蚊虫孳生，很快暴发了乙脑。由于当时西医缺乏有效的治疗手段，病患死亡率高达 50%，疫情一时难以控制。石家庄市卫生局决定以石家庄市传染病医院的郭可明为首，组成中医治疗小组，奔赴乙脑救治一线。

图 2-38　1956 年，所有参与中医治疗流行性乙型脑炎的受奖人员合影

虽然中医经典古籍中没有所谓"乙脑"的记载，但从乙脑的发病节气，以发热为主症且具有强烈传染性等临床表现来看，郭可明认为应该属于中医温病中暑温的范畴，并提出了以白虎汤、清瘟败毒饮为主方，重用生石膏，配合使用安宫牛黄丸和至宝丹的治疗方案进行救治。在这种治疗方案的指导下，经中西医合作治疗的 34 名乙脑患者无一例死亡。数据显示，其中半数以上皆系极重型病例，达到了 100% 的治愈率，取得了奇迹般的效果。石家庄市卫生局向党中央和卫生部报告了中医治疗乙脑取得的成绩。卫生部三次派出专家考察团，专门到石家庄考察中医治疗乙脑的过程和效果。随后卫生部做出决定："必须重视和推行中医治疗流行性乙型脑炎的方法。"1955 年 12 月 19 日，在中医研究院（现中国中医科学院）成立大会上，卫生部向以郭可明为首的石家庄市传染病医院乙脑中医治疗小组颁发了中华人民共和国成立后的第一个部级科技进步奖甲等奖。

1955 年，一位援华的苏联专家不幸罹患乙脑，病倒在北京。时任卫生部部长的李德全邀请郭可明来给苏联专家治病，并委派卫生部中医司魏龙骧及西医专家林兆耆共同参与治疗。当时患者高热昏迷，痰声辘辘，昏不识人。郭可明以人参白虎汤、安宫牛黄丸、至宝丹加减为主方，连续治疗 7 天，患者逐渐清醒，可以自主进食，并能够坐起身跟医生打招呼，用俄语问候"你好""谢谢""再见"。李德全

图 2-39　郭可明老中医

部长收到治疗效果汇报后非常满意，并称赞说："中医不但治疗乙脑有效，对乙脑的后遗症治疗同样有效！"1956年2月5日，恰逢全国第二届政协会议在北京召开，李德全部长向毛泽东主席介绍了中医治疗乙脑的临床疗效，毛主席亲切地握着郭可明的手说："了不起啊，了不起。"

图 2-40　北京名医蒲辅周

1956年，在北京地区乙型脑炎开始流行。卫生部委托中医研究院组成工作组，蒲辅周作为专家组成员，通过对北京疫情的总结研究，首先肯定了石家庄的经验，用温病治疗原则治乙脑是正确的，但应遵循"必先岁气，毋伐天和"的原则，并根据五运六气学说来研究北京的气候环境因素。按照之前石家庄用清热解毒、养阴法的治疗经验，以中药白虎汤和输氧、注射青霉素等西医疗法治疗，效果不显。蒲辅周分析说，北京今年雨水较多，天气湿热，患者体质偏湿，本次乙脑属湿温致病，沿用清凉苦寒药物，就会出现湿遏热伏，不仅高热不退，反会加重病情。因此改用宣解湿热和芳香透窍的药物，通阳利湿，用杏仁滑石汤、三仁汤等加减化裁，效果立竿见影，湿去热自退。不少危重患者转危为安，一场可怕的瘟疫得以迅速遏止。这一事迹在全国中医药行业内外产生了积极的"轰动性"效应，大大增强了中医药工作者的信心。

2. 流行性出血热与"疫斑热"

20世纪70年代末，我国暴发了流行性出血热疫情，患者先后出现发热、出血及肾脏损害，常可在短时间内致人死亡。江浙一带成为重灾区，并一度造成社会恐慌情绪。周仲瑛临危受命，他先后深入流行性出血热疫区10 余年，在实践中开展临床研究，在临床第一线救治患者。

临床医生针对出血热疫情编有这样的顺口溜："高烧脸红酒醉貌，头痛腰痛像感冒，皮肤黏膜出血点，恶心呕吐、蛋白尿。"不难看出，本病主要临床症状有发热，面红目赤，颈胸部潮红，头痛，眼眶痛，腰（身）痛，皮肤黏膜出血点或瘀斑，恶心呕吐，蛋白尿等。周仲瑛提出，流行性出血热属于中医学"瘟疫"范畴，并首次将其命名为"疫斑热"，这一病名后来得到中医界的广泛认可。周仲瑛早期运用中医"卫气营血"辨证方法，针对疾病各期拟订了

治疗方药，但临床效果并不满意。后来他想到，对于这种传变迅速的疫病，如果死搬"卫气营血"分期而治的方法，可能滞后半拍，延误病情。于是修改了诊治方法，改为以"清瘟解毒"为原则，临证要区别病期特点，分别

图 2-41　首届国医大师周仲瑛

采用清气凉营、开闭固脱、泻下通瘀、凉血化瘀、滋阴生津和补肾固摄等治法。首次提出流行性出血热"病理中心在气营"，病理因素为"三毒"（热毒、瘀毒、水毒）的新理论，针对不同病期进行辨证，制定相应的系列治法方药。1989 年，《流行性出血热中医诊断疗效评定标准》发布，为中医临床提供了行业标准以及评价标准，为本病的中医临床疗效评价提供了依据。

经过后期统计，周仲瑛团队治疗了 1127 例流行性出血热患者，病死率仅是 1.11%，而当时的病死率一般在 7.66% 左右。特别是对死亡率最高的

图 2-42　周仲瑛送治愈患者出院

少尿期急性肾衰患者，应用泻下通瘀、滋阴利水的方药治疗，使病死率下降到 4%，明显优于对照组 22% 的死亡率，处于国际领先水平。1988 年，"中医药治疗流行性出血热的临床及实验研究"获得卫生部科技进步奖一等奖，并由国家中医药管理局多次下文推广，入选中华人民共和国 1979 ~ 1989 年重大科技成果项目，代表我国医药研究的最新成果，赴苏联进行国际交流。在国家"七五"攻关课题的支持下，"中医药治疗病毒性高热的研究"首次提出"病理特点多为气营两燔，到气就可气营两清"的新理论，研制出新药清瘟合剂、清气凉营注射液。1998 年，该成果获省级中医药科技进步奖一等奖，2000 年，获国家中医药管理局科技进步奖三等奖，被列入国家科委引导项目。

3. SARS 的中医药防治

2002 年冬，严重急性呼吸综合征（severe acute respiratory syndrome，

SARS），也被称为"非典"，在我国广东省出现，并在短时间内出现大量病例。2003年3月，疫情向全国扩散，并席卷30余个国家和地区，全球众多国家和地区均面临疫病危机，其中中国内地是重灾区，包括医务人员在内的多名患者死亡，引起了社会恐慌情绪。

图2-43　2003年抗击非典疫情

　　面对SARS的严峻挑战，广东省中医药工作者采用中西医两法积极救治，取得了初步经验。2003年5月8日，时任中共中央政治局委员、全国防治非典型肺炎总指挥的吴仪在北京召开中医药专家座谈会时强调，要充分认识中医药的科学价值，积极利用中医药资源，中西医结合共同完成防治非典型肺炎的使命。科技部、国家中医药管理局及北京市科委积极响应，紧急启动了"中西医结合治疗SARS的临床研究"，并由刘保延、翁维良作为项目负责人，由中国中医科学院牵头，联合北京地区11家SARS临床定点医院的统计部门和专家进行疫情研究与救治工作。

　　本次疫情符合中医"瘟疫"范畴。面对这样一场突如其来，又完全一

图 2-44 首届国医大师邓铁涛

无所知的疫情，临床的救治工作困难极大。为此，在疫情救治过程中，工作组充分利用现代通讯设备，病房内外结合、青年一线临床专家与二线老专家结合，强调发挥中医温病辨证施治的优势，将专病专方与个体化诊疗相结合，以临床疗效为导向，以改善症状、降低病死率为目标。经过数理统计，中西医结合治疗能够明显减轻患者乏力、气短和呼吸急促等症状；缩短乏力、呼吸急促、气短、肌肉酸痛等症状的存在时间，使体温平稳下降，减少波动；减轻肺部炎症，特别是在重型 SARS 患者中更为明显；中医药的介入减少了激素、抗病毒药、免疫增强剂的使用量，降低了疾病后遗症的发生率。SARS 期间，中医药防控、临床研究与组织管理的经验为建立中医药防控新发突发传染病体系，提供了借鉴。

在 SARS 肆虐之时，很多中医专家都不畏艰险，冲到抗疫的一线。首届国医大师，年近九旬高龄的邓铁涛教授主动请缨，临危受命，被任命为国家中医专家组组长。邓老勇敢而自信地说，SARS 是温病的一种，而中医治疗温病历史悠久，用中医药可以治好 SARS。根据广东省中医院收治本病患者 112 例的临床观察和初步总结，邓老认为该病属于中医"春温病伏湿之证"，湿热蕴毒，阻遏中上二焦，并易耗气夹瘀，甚则内闭喘脱。在他的努力下，广州中医药大学第一附属医院共收治了 73 例 SARS 患者，取得了"零转院""零死亡""零感染"，"三个零"的重大成绩。

图 2-45 国医
大师任继学获得
白求恩奖章

另一位国医大师任继学教授也对 SARS 的病因病机进行了深刻剖析，为尽快防控疫情，任老虽然年过古稀，仍不顾个人安危，亲临一线诊治病人。任继学提出，SARS 当属于温病，但又不同于一般的温热病，既有潜伏的邪气存在，又有时疫病毒的感染，两者相互影响而发病。本病流行季节是冬春季，因为冬季有烈风，春有余寒，逐渐伤及人体抗病之源，使邪气伏于体内，春天春温之气开发人体腠理，时疫病毒乘虚内侵，发为本病。他还指出，SARS 发病后势态猛烈，变化迅速，治疗宜早期截断疾病进展途径，防

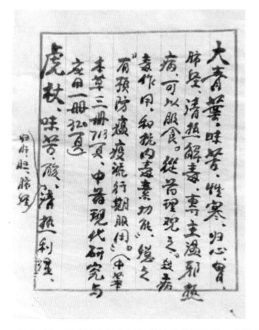

图 2-46 国医大师任继学为防治非典拟定的扶正除疫方

止变化出其他合并症，治疗用宣肺透毒为主。同时他还强调，由于地域、气候、体质不同，在治疗时应因地、因人、因时施治。

4. 甲型 H1N1 流感防治

2009 年 3 月，墨西哥暴发"人感染猪流感"疫情，并迅速在全球范围内蔓延。同年 6 月，WHO 宣布将甲型 H1N1 流感大流行警告级别提升为 6 级，全球进入流感大流行阶段。该病发病急骤，病情演变迅速，传播广泛。6 月 27 日，疫情已经蔓延至全球 108 个国家和地区，确诊病例达 5 万余例，死亡 218 例。自 2009 年 5 月，我国内地报道首例甲型 H1N1 流感病例，至 2010 年 1 月 2 日，我国共报告确诊病例 120940 例，治愈 111057 例，死亡 659 例。

WHO 及卫生部（现国家卫生健康委员会）甲型 H1N1 流感诊疗方案推荐的治疗方法是及早应用抗病毒西药磷酸奥司他韦或托纳米韦，可降低重症发病率及改善预后。但是我国人口基数庞大，两药的库存少，无法应对疫情的暴发，因此，结合我国国情，选择充分发挥中医药治疗急性传染病的优势，应对本次疫情的防治工作。国家中医药管理局及时启动了"中医药防治甲型 H1N1 流感、手足口病与流行性乙型脑炎的临床方案与诊疗规律研究"的行业专项，并由王永炎院士担任项目负责人。项目组先后制定了四版《甲型 H1N1 流感诊疗方案》。

甲型 H1N1 流感的基本病因性质是风热疫毒，核心病机是热毒壅肺，肺失宣降，毒瘀互结，肺气壅闭，化源竭绝。主要表现为发热、咳嗽、咽痛、流涕、咳痰、胸闷憋气、倦怠乏力，甚至咳痰带血，严重腹泻、呕吐，神志不清，呼吸衰竭而危及生命。项目组通过数据挖掘技术，在已经建立的中医文献数据库基础上，对以往中医药治疗流感等类似疾病的临床数据进行

图 2-47 王永炎主持召开甲型 H1N1 流感重症与危重症治疗方案专家讨论会

挖掘分析，并结合流感患者四诊信息，总结出本次流感的证候分类，确定治则为清热解毒为主，并筛选出连花清瘟胶囊、痰热清注射液、清开灵制剂、双黄连制剂等为主的中成药治疗方案。广东省中医院对中医药治疗本次流感轻症疗效与西药奥司他韦进行比较，结果显示，在缓解发热等流感症状方面，中药与西药无显著差别，且副作用小、费用低。连花清瘟胶囊在缓解轻中度甲型 H1N1 流感发热、咳嗽、头痛、全身酸痛、乏力等症状及病毒核酸转阴时间等指标方面与西药奥司他韦相似。而对于体温高于 38℃ 的患者，中药在降低病毒转阴时间方面优于西药奥司他韦、达菲。并且随着病毒的变异和耐药性的产生，中药在耐药性方面更显出优势。

除了对已有中成药进行筛选应用外，项目组也根据临床治疗及研究结果有针对性地进行了新药的研发。金花清感方就是首个专门针对甲型 H1N1

流感治疗的中成药，成为应对疫情过程中研发的成功范例。该方是专家组按照中医理论，参考经典古籍的百余张古方，以具有两千多年治疗发热性传染病历史经验的"麻杏石甘汤"和具有两百多年治疗温热疫病历史经验的"银翘散"为基础方研制而成的，可谓是中医伤寒与温病两大学派理论与实践的结合。2009 年 12 月 17 日，呼吸与危重症医学专家王辰院士在北京治疗甲

图 2-48 "我国首次对甲型 H1N1 流感大流行有效防控及集成创新性研究"获奖证书

流中药"金花清感方"研发情况通报会上指出：经过临床验证，金花清感方可缩短甲型 H1N1 流感患者的发热时间，改善患者呼吸道症状，在治疗过的患者中尚未发现不良反应；治疗效果明显，且治疗费用低廉，仅为抗甲流西药达菲药费的四分之一左右。该药作为北京地区抗甲流储备用药推广应用，在甲流防治过程中发挥了重要作用。2014 年，由王辰、王永炎等中西医院士领衔的"我国首次对甲型 H1N1 流感大流行有效防控及集成创新性研究"荣获国家科学技术进步奖一等奖。该奖项中包括了金花清感颗粒的成果，该成果被高度评价为"中医药治疗甲流取得突破，以严格循证医学方法证实中药组方可显著缩短甲流病程，并获国际认可"。

通过 2009 年甲型 H1N1 流感防治工作，中医药防治甲流等传染病的综合平台逐渐建立，以便达到联合各方中医药防治传染病临床科研力量共同组成整体化网络系统，整体提升中医药防治传染病的能力和水平的目的。探

索出以专家为核心的中医药防控新型流感等传染病的应对机制，建立了全国突发公共卫生事件中医药紧急专家委员会，在疫情的不同阶段，进行疫情的监控、预测以及开展临床救治和科学研究，以便达到针对疫情防治快速反应、高效应对的目的。

通过对几次严重突发疫情预防、救治以及组织管理等方面的经验积累和总结，中医药在疫情防控方面的能力逐渐提升，中医药防控体系建设不断完善，为应对 2019 年新冠肺炎疫情以及未来的疫情防控都打下了坚实的基础。

（三）众志成城，抗击新冠肺炎

2020 年伊始，突如其来的新冠肺炎疫情席卷武汉，波及全国。

1. 清肺排毒汤与三药三方

本次新冠肺炎疫情防控的一大特色和亮点就是，在没有特效药和疫苗的情况下，发挥中医药治未病、辨证施治、多靶点干预的独特优势，探索形成了以中医药为特色的中西医结合救治患者的系统方案，成为中医药传承创新发展的一次生动实践。

图 2-49
医务工作者
在抗疫一线

2020 年 1 月 27 日在山西、河北、黑龙江、陕西 4 省紧急启动"清肺排毒汤"临床救治确诊患者有效性观察，在取得良好临床救治效果基础上，2 月 6 日联合国家卫生健康委及时向全国推荐使用，释放了新冠肺炎有药可治的信息，缓解了公众恐慌情绪。许多普通感冒和流感患者也得以治疗，可及性大大提高。目前，该方已在 28 个省份广泛使用，在湖北、武汉主战场也是用量最大的方剂。清肺排毒汤源自于《伤寒论》，由 5 个经典方剂融合组成。临床观察发现其在阻断轻型、普通型向重型和危重型发展方面发挥了重要作用。同时，在重型和危重型抢救过程中也发挥了非常好的作用。除清肺排毒汤外，以科技部专项支持的"三药三方"为代表的 10 余个药物都进入新冠肺炎国家诊疗方案。

所谓"三药"，即金花清感颗粒、连花清瘟颗粒和胶囊、血必净注射液。这三种中成药都是前期经过审批的已经上市的老药，这次在新冠肺炎治疗中发挥了重要作用，显示出良好的临床疗效。其中，金花清感颗粒是 2009 年，在抗击甲型 H1N1 流感中研发出的有效中药。该药对新冠肺炎的轻型、普通型患者疗效确切，可以缩短患者发热的时间，不仅能够提高淋巴细胞、

图 2-50
黄璐琦院士
在抗疫一线

白细胞的复常率，而且可以改善相关的免疫学指标。近期，金花清感颗粒又被国家药品监督管理局作为甲类非处方药进行管理，可以很好地满足临床救治的需要。连花清瘟胶囊在治疗轻型、普通型患者方面也显示出良好的疗效，特别是在缓解发热、咳嗽、乏力等症状方面疗效明显。同时，可以显著降低转重率。血必净注射液可以促进炎症因子的消除，主要用于重型和危重型患者的早期和中期治疗，可以提高治愈率、出院率，减少重型向危重型方

图 2-51 "人民英雄"国家荣誉称号获得者张伯礼院士

面的转化率。鉴于"三药"在此次疫情中发挥的重要作用和取得的良好临床证据，国家药品监督管理局已经批准将"治疗新冠肺炎"纳入到"三药"新的药品适应证中。

"三方"，指清肺排毒汤、化湿败毒方、宣肺败毒方。化湿败毒方和宣肺败毒方是黄璐琦院士团队和张伯礼院士团队在武汉一线的临床救治过程中，根据临床观察总结出来的有效方剂，在遏制病情发展，改善症状，特别是在缩短病程方面有着良好的疗效。

2. 方舱医院，撑起中医药救治一片天

2020 年 1 月 27 日，中央指导组专家组成员、中国工程院院士、天津中医药大学校长张伯礼率领医疗队驰援武汉。刚到武汉的时候，形势非常严峻、复杂：患者和非患者混在一起，发热的、留观的、密接的、疑似的，这"四类人"很多都没有被隔离，非常混乱。大医院被挤爆，排队几小时

看不上病，确诊病例也住不了院，一床难求。他们就向中央指导组提出，分层分类管理，集中隔离，分别处理。同时，对于确诊患者也要分类管理，轻症、重症分开治疗，可以征用学校、酒店，这样可以有效地利用有限的卫生资源。但是，当时很多患者因为没有确诊，就没有得到有效的救治，只是被简单地进行了隔离。他们情绪恐慌，救治无助。根据张伯礼以往经验，他建议，对"四类人员"全部给予中药，因为无论是对于普通感冒、流感，还是新冠肺炎，中药都是有一定疗效的。先吃上药稳住情绪，待发热迅速消退，患者就有信心了。

图 2-52　工作人员在张伯礼院士防护服上写"老张加油"

之后，随着确诊患者越来越多，一床难求，解决不了应收尽收的问题，专家建议建立方舱医院收治轻症患者。张伯礼院士和刘清泉教授写了请战书，提出中医药进方舱，中医承办方舱医院。中央指导组同意后，他们就组建了一支中医医疗队，由天津、江苏、河南、湖南、陕西的 209 位中医专家，筹建了江夏方舱医院，这些专家涵盖中医、呼吸重症医学、影像、检验、护理等专业，在方舱医院里面主要采用中医药综合治疗，同时配合开展一些传统疗法，如针灸、按摩、灸疗、太极拳、八段锦等。由于效果显著，后来所有的方舱医院几乎都使用了中药。

江夏方舱医院院长刘清泉回忆说：有一些患者对中药不信任，为了让他能够很快地接受这样的治疗，我们采取从疗效让他看出来（的办法），使其最终接受中医的治疗。湘五病区的一个患者，没有吃中药的习惯，刚开始时嫌苦不愿意吃。在科主任的耐心劝导下，他接受了中药，发现中药对食欲的恢复、身体机能的调整效果非常明显。他爱人在另一家医院治疗，吃西药为主。出舱后，他跟爱人开玩笑说，我的效果比你好，痊愈得更早。

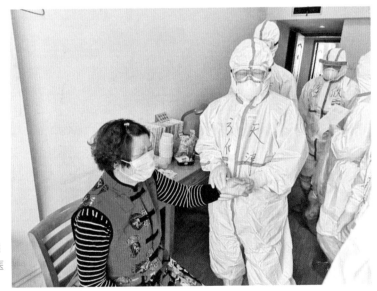

图 2-53 张伯礼院士在方舱医院为患者诊病

从 2 月 14 日开舱，到 3 月 10 日休舱，江夏方舱医院在 26 天运营中，收舱 564 人，治愈 482 人，82 人（含 14 名有基础病）尚未达出舱标准而转至定点医院，圆满收官。

图 2-54 张伯礼院士在江夏方舱医院

图 2-55 张伯礼院士查看患者肺片

在收治的 564 例患者中,轻症约 71%,普通型 29%。患者年龄分布:20～40 岁占 29.5%,40～59 岁占 49.3%,60 岁以上占 17.7%。患者入院症状:约有 30% 的患者存在乏力、气短的症状;约有 40% 的患者有咳嗽症状。经治疗后，患者体温控制良好。99%的患者体温低于37℃，仅有1%的患者体温高于37℃。患者经中医治疗后CT影像体征显著改善，临床症状明显缓解。咳嗽、发热、乏力、喘促、咽干、胸闷、气短、口苦、纳呆等症状较治疗前明显改善。同时达到了患者零转重、零复阳，医护人员零感染的预期目标。

江夏方舱医院收治的564例轻症和普通型患者，以宣肺败毒汤和清肺排毒汤为主进行治疗，少数人配合颗粒剂随症加减，多数患者辅以太极拳、八段锦和穴位贴敷等疗法。

图2-56　江夏方舱医院的专家们针对患者治疗方案进行讨论

中医方舱医院的特点主要体现在以下几个方面：

特点一：为成建制的中医药队伍。方舱医院是由5个省20家中医院的209名医护人员组成，除医生、护士外，还包括呼吸科、重症科、急诊科、内科、影像科等相关科室的医务人员。

特点二：有配方颗粒调剂车，有基础药，急救设施。在治疗过程中，除了保证每个人都能服用汤剂，还同时利用配方颗粒的调剂车，用以满足需要个体化配置、临床加减时的需要。

特点三：配合使用太极拳、八段锦、中医按摩、灸法等中医特色疗法，促进患者正气的恢复。方舱医院通过特色鲜明的中医疗法，完全贯彻了中医治疗的整体观念。

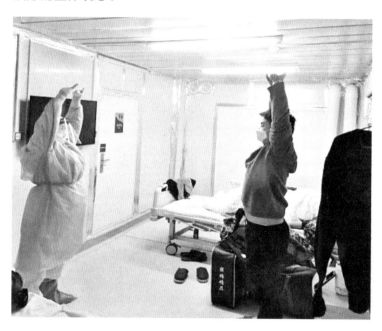

图 2-57 工作人员教授八段锦——两手托天理三焦

3. "武昌模式"，社区中医药疫情防控新思路

2020 年 1 月 24 日，除夕夜，仝小林院士被任命为国家中医药管理局医疗救治专家组组长，并于当晚抵达武汉。同时抵达武汉的还有广东省中医院副院长张忠德、中国中医科学院西苑医院呼吸科主任苗青、北京中医医院呼吸科主任王玉光等中医专家组成员。

连续十几天的阴雨，武汉的夜晚又湿又冷，寒气逼人。抵达驻地后，伴着淅淅沥沥的小雨，仝小林院士带着同行的年轻医生李修洋在无人的院子里边讨论边散步了一小时。后来仝小林解释："中医讲的是天人合一，天气的变化，特别是异常气候的变化，对于疾病是一个非常关键的影响因素。我们想体验这种寒湿，到底到一个什么程度？"

当天晚上，仝小林打开了住处的窗户并关掉了空调，他想体验武汉民众在没有空调取暖的情况下，生活甚至发病后是一种怎样的感受，从而对"寒湿"有了更加切身的认识。

1月25日，仝小林与其他中医专家组成员去往武汉金银潭医院，调研新冠肺炎的相关情况及患者症状。这次查看的患者都属于住院患者，已经发病有一段时间了。中医专家们深入病区，从患者整个的主诉，发病初期的症状，发病时长，刻下症状等方面入手，辅以舌象、脉象，对疾病有了初步的判定。他说："一些重症的患者，舌质非常胖大，齿痕明显，舌苔非常白厚腐腻，寒湿之象（状态）特别严重。"之后，专家组又去发热门诊继续了解患者情况。在发热门诊，仝小林院士看到成百上千的患者在阴冷潮湿的环境里排长队就诊。

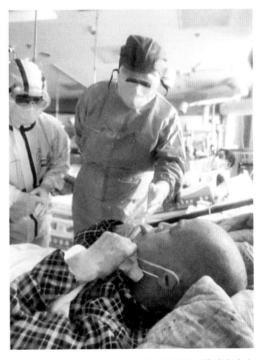

图 2-58　仝小林院士在抗疫一线诊察病人

通过走访定点医院、重症病房、社区卫生服务中心、隔离点、出院后隔离期方舱，全流程了解新冠肺炎患者临床症状及发病性质后发现，这些患者发病初期大多舌苔白厚腐腻，全身困乏无力，结合当地湿冷气候，他认为新冠肺炎应属"寒湿疫"。

"中医察色按脉、首辨阴阳，考虑到武汉特重的寒湿环境、患者的病症，我们提出此病整体是偏于寒湿，是一个伤阳的主线。"仝小林解释道，寒湿裹夹着戾气侵入人体，侵袭人体的肺和脾，所以很多患者有肺部的症状，包括发热、咳嗽，甚至咳痰，特别是全身的酸痛等。患者也有很多脾胃功能异常的症状，包括寒湿困脾的乏力，食欲不好等表现，有的患者一星期都不想吃东西，还会有恶心、呕吐、腹泻等症状，疾病的病位应该主要是在肺和脾。

随着对疫情认识的不断深入，新冠肺炎诊疗方案不断修订，中医方案也在不断更新。仝小林介绍，第1版中医方案是专家组在充分听取湖北省和武汉市专家组治疗经验后形成的，对于后续方案的修订起到了非常好的奠基作用。随着对疾病了解的不断深入，第2版则充分听取了如王永炎院士、薛伯寿等专家的建议，又结合整个湖北的经验才最终形成。相较于第1版方案，第2版则更加实用，表达更直接，连药方、处方的剂量都写得很清楚，反响较好。到第3版时，全国各地例如广东、浙江、江苏等地区总结了非常好的经验。"同一种病毒到了不同的环境之下可能有所变异，特别是当地的气候、物候都不同"。所以专家组把24个省级单位的治疗方案进行汇总，然后充分参考周仲瑛、熊继柏等几位国医大师的方案，最后在国家中医药管理局的直接领导下，由仝小林牵头，在医疗救治专家组共同研究，中央指导组专家共同参与下，完成了8版方案的制订及修订工作。

仝小林在抗疫一线调研发现，新冠肺炎患者数量比较大，医护人员有限，很多医院发热门诊每天患者达四五百人，有些大医院甚至达到了一两千人。如果不把防疫关口前移，把重心下沉到社区，让中医药尽早干预，整个武汉的防控压力将非常大。

基于对本次疫情属于寒湿疫的判断，仝小林在与当地专家充分讨论后拟定出可宣肺透邪，避秽化浊，健脾除湿，解毒通络的通治方——"武汉抗疫方"（武汉1号方），并于2月3日率先在武昌区大范围免费发放。

在仝小林看来，"辨证论治，一人一方"是中医理想的用药模式。但面对社区大量患者，靠中医医生一个个把脉开方是无法实现的。"特殊时期，应先让每一个患者都吃上中药，阻断疾病继续发展"。

武汉1号方包含生麻黄、生石膏、杏仁、羌活等20味中药。根据主症的不同，专家组拟定了分别针对发热、咳喘、纳差、气短乏力等症状的4个加减方，在主方的基础上合并使用。仝小林说："这样一来，即使不是中医医生，社区医生经过简单培训也可熟练应用。"之所以选择武昌地区来进行模式探索，首要原因是武昌区是重灾区。仝小林解释："一月初武昌疫情在全市排名大概还是第三、第四，结果后来跃升到第一位，地方发病率最高，所以我们跟武昌区政府，还有湖北省中医院共同来推1号方。"

"武昌模式"以"中医通治方＋社区＋互联网"为框架，其核心为通过中医望、闻、问、切快速厘清新冠肺炎之病机特点和演变规律，确定共性治疗方案（通治方），第一时间社区大规模集中用药，从而让尽可能多的高风险人群和患者得到及时干预，截断疫情，防护未病。

"武昌模式"逐渐发展成为从疾病预防、治疗到康复之全链条式防控模式，并在孝感、黄冈、郑州、西安、吉林等地区推广应用，特别是在吉林省舒兰市发生聚集性新冠肺炎疫情后，"武昌模式"再一次发挥了提前干预、预防治疗的关键作用。

新冠肺炎防控的武昌模式（社区干预＋传统医疗＋互联网），是我国在面对新发、突发重大公共卫生事件时社区中医药防控的一种创新模式。尤其是在疫苗及特效药未出现之前，先以中医定性，再以通治方治病，使疫情防治关口前移。仝小林院士表示："阻断新冠肺炎疫情，社区是防控的桥头堡，通过这次在武昌区的实践，中医'治未病'，即未病先防、已病防变和瘥后防复的观念得到了充分体现，同时也为新发、突发重大公共卫生事件的医疗处置提供了全新的'解题思路'。"

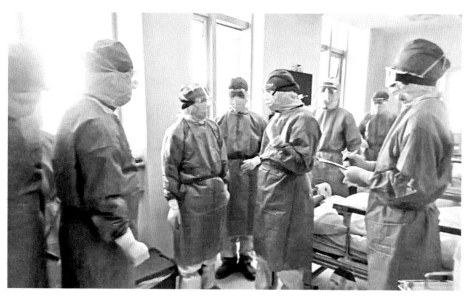

图 2-59 仝小林与医护人员探讨治疗方案

同时，仝小林团队与中国中医科学院首席研究员刘保延合作，紧急开发出一款手机 App，患者只需扫中药汤剂外包装上的二维码后录入基本信息，就可得到后方医生一对一的用药指导及咨询。这一方式大大减轻了一线社区医生的工作压力，降低了他们的感染风险，也充分调动了后方医疗资源的储备力量。

在疫情集中暴发、医疗资源严重紧缺、大量高风险人群无法得到及时诊治的危急情况下，"武昌模式"让中医第一时间介入，使疫情防治关口前移，下沉至社区。"武昌模式"构筑起社区防控新发突发传染病的第一道防线。

大师风采·仝小林

4. 新冠肺炎中药治疗及中医康复技术

（1）院内制剂

新冠肺炎疫情发生以来，国家中医药管理局按照中央指导组部署，第一时间组织全国中医药系统力量投入疫情的防控救治，与湖北省、武汉市政府及相关部门协同联动，全程深度介入。各地方省级中医院会同国医大师、全国名老中医等专家，结合一线中医四诊数据，制定了因时、因地、因人的院内制剂，经过快速审评流程，获得医疗机构制剂（传统中药制剂）备案凭证，用于防控新型冠状病毒感染的肺炎疫情。据不完全统计，疫情期间全国共有 24 个省市自治区共 82 个中药制剂获批。

表 2-10　各省防治新冠肺炎院内制剂一览表

省市自治区	院内制剂名称
广东省	透解祛瘟颗粒（肺炎 1 号方）
北京市	化湿败毒颗粒、银丹解毒颗粒
上海市	麻杏清肺颗粒、肺炎清解颗粒
重庆市	藿朴透邪合剂、麻杏解毒合剂
青海省	扶正避瘟合剂、藿兰清化饮、芩蚕解毒合剂、辟瘟散
河北省	连花清咳颗粒、香苏化浊颗粒、清肺解毒颗粒、培元抗感合剂、清热宣肺合剂、柴葛解毒合剂

续表

省市自治区	院内制剂名称
山东省	肺维康颗粒、养神定志颗粒、肺得宁合剂、银柴感冒颗粒、桂柴散寒颗粒、柴黄清热颗粒
吉林省	除湿防疫散、宣肺化湿颗粒、麻杏薏甘颗粒
黑龙江省	扶正解毒合剂、参花清瘟合剂
陕西省	益肺解毒颗粒、清瘟护肺颗粒
云南省	黄芪扶正解毒合剂、金香清瘟合剂、七龙天胶囊、健体抗疫合剂、贯防合剂、清瘟解热合剂、气阴双补养血合剂、化疫解毒合剂、清肺解毒胶囊、香芩解热颗粒
山西省	益气除瘟颗粒、除湿清肺颗粒、解毒护肺颗粒、葶苈泻肺颗粒、补肺健脾颗粒、益气祛毒颗粒、清肺排毒合剂
甘肃省	仙贞扶正颗粒、金菊板蓝根颗粒、扶正避瘟方、扶正屏风合剂
江苏省	羌藿祛湿清瘟合剂、芪参固表颗粒
内蒙古自治区	九黑散、清瘟十二味丸
宁夏回族自治区	益气防瘟合剂、清肺排毒合剂、益气固卫合剂
广西壮族自治区	预防疫肺方、清瘟化湿汤、清感宣肺汤
辽宁省	扶正解毒合剂、柴芩抗感合剂、柴芩清热合剂、肺康益气颗粒、肺康养阴颗粒
江西省	温肺化纤汤
四川省	银翘藿朴退热合剂（新冠2号）、荆防藿朴解毒合剂（新冠3号）
湖南省	预防1号方、预防2号方
湖北省	清肺达原颗粒（肺炎1号）、柴胡达胸合剂（强力肺炎1号）、芪麦肺络平颗粒
贵州省	柴葛畅原合剂、达原消毒合剂
浙江省	化湿宣肺合剂、解毒泻肺合剂、健脾补肺合剂、益气固表合剂、清肺化痰合剂、益气补肺合剂

（2）中医康复疗法

在新冠肺炎疫情后期，仝小林院士针对"寒湿疫"恢复期之病机特点，制订了《新型冠状病毒肺炎恢复期中医康复指导建议（试行）》，推荐了以中药、中医适宜技术、心理调摄、饮食指导及传统功法为主要内容的综合干预策略，此建议无论对于瘥后防复，还是疾病预防均有指导意义，其中具有中医特色的膳食、功法等，体现了"中医防疫无处不在"。现将中医适宜技术、膳食指导、情志疗法、传统功法等方法公布如下，供读者选择应用。

艾灸疗法

常用选穴：大椎、肺俞、上脘、中脘、膈俞、足三里、孔最等。

操作规范：点燃艾条一端，燃端距施灸穴位或局部 2～4cm 处熏灸，使局部有温热感，以不感烧灼为度。每次灸 15～30 分钟，使局部皮肤红润、灼热。中途艾绒烧灰较多时，应将绒灰置于弯盘中，避免脱落在患者身上。腹部、背部较平坦处行艾灸时，可用艾灸盒，即患者取平卧或俯卧位，将点燃之艾条放于盒内纱隔层上，灸盒放在应灸穴位处，加盖后可使艾条自行燃烧，达到艾灸的目的。

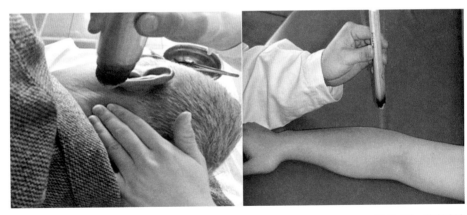

图 2-60　艾灸疗法

经穴推拿

穴位按摩：太渊、膻中、中府、肺俞、肾俞、大肠俞、列缺、中脘、足三里等，如咳嗽、咽痒、干咳者，可加少商、尺泽等。

经络推拿：手太阴肺经、手阳明大肠经、足阳明胃经、足太阴脾经、任脉、督脉等。

操作规范：患者取平卧或侧卧位。顺时针按摩穴位，每日3~5次，每次10分钟。

动作要领：操作时，肘关节自然屈曲，腕部放松，动作轻柔，不可用暴力。按摩频率为每分钟120次。

耳穴压豆

常用耳穴：支气管、肺、内分泌、神门、枕、脾、胃、大肠、交感等。

操作规范：取坐位，选穴，棉棒蘸酒精消毒皮肤，小镊子夹取王不留行籽的胶布粘于穴位上。夏季因天热多汗，压豆贴敷时间不宜过长，一般留置1~2天。

刮痧

刮痧经络：手太阴肺经、手阳明大肠经、足太阳膀胱经等。

操作规范：手持刮具或瓷匙，蘸少许介质，在选定的刮痧部位由内而外、自上而下单一方向刮擦皮肤；每一部位刮20次左右，以患者能耐受为宜；刮痧部位应尽量拉长，一般选3~5个部位；如刮背部，应在脊椎两侧/肩部、肋间隙呈弧线由内向外刮，每次刮8~10条，每条长6~15cm。刮痧过程中应该保持刮痧板的湿润，感到干涩时，要及时蘸取润滑剂后再刮，直至皮下呈现红色或紫红色痧痕为度。

拔罐

以背俞穴为主，如肺俞、膏肓、脾俞、肾俞、大椎等。

操作规范：用长纸条或用镊子夹95%酒精棉球一个，用火将纸条或酒精棉球点燃后，伸入罐内中段绕一周（切勿将罐口烧热，以免烫伤皮肤），迅速将火退出，将罐按扣在所选部位或穴位上。一般留置 15 分钟左右。

膳食指导

总体建议：膳食平衡、多样，注重饮水，通利二便，并注重开胃、利肺、安神、通便。

根据食物属性和患者情况，进行分类指导：

①有怕冷、胃凉等症状者，推荐生姜、葱、芥菜、芫荽等。

②有咽干、口干、心烦等症状者，推荐绿茶、豆豉、杨桃等。

③有咳嗽、咳痰等症状者，推荐梨、百合、落花生、杏仁、白果、乌梅、小白菜、橘皮、紫苏等。

④有食欲不振、腹胀等症状者，推荐山楂、山药、白扁豆、茯苓、葛根、莱菔子、砂仁等。

⑤有便秘等症状者，推荐蜂蜜、香蕉、火麻仁等。

⑥有失眠等症状者，推荐酸枣仁、柏子仁等。

康复功法

新冠肺炎轻型及普通型患者出院后，可采取多种功法；重型或危重型患者出院后，可根据自身恢复情况选择适当的传统功法。

八段锦：练习时间 10～15 分钟，建议每天 1～2 次，按照个人体质状况，以能承受为宜。

太极拳：推荐每日 1 次，每次 30～50 分钟为宜。

呼吸六字诀："嘘（xū）、呵（hē）、呼（hū）、呬（sì）、吹（chuī）、嘻（xī）"，依次每个字 6 秒，反复 6 遍，腹式呼吸，建议每天 1～2 组，根据个人具体情况调整当天运动方式及总量。

呼吸疗愈法：主动进行缓慢深长的腹式呼吸训练，可采用鼻子吸气，嘴巴呼气，或鼻吸鼻呼。

"三一二"经络锻炼法："三"指合谷、内关、足三里三个穴的按摩，"一"是意守丹田、腹式呼吸，"二"是两下肢下蹲为主的体育锻炼。建议每天 1~2 次，按照个人体质状况，以能承受为宜。

5. 开放共享的中医防疫

为了更好地发挥中医药在全球抗疫中的作用，把中医药抗疫经验尽快传播海外，世中联举办了 20 余场中医药抗疫专家经验全球分享活动，聘请在武汉前线参与救治的著名中医药专家张伯礼、仝小林、黄璐琦、刘清泉、张忠德、叶永安、方邦江等对话直播，专家针对热点问题，如"中医药如何帮助老年人抵抗新冠肺炎""中西医在治疗新冠肺炎时如何相辅相成""针对病毒不同毒株，中医的诊疗方案和建议""中医药如何治疗插管的危重病人"等与中外专家以及在线观众进行了有针对性的交流答疑。全球收视覆盖 100 多个国家和地区，累及点击量超 120 多万人次。另外，通过网络分享新型冠状病毒肺炎诊疗方案（试行第 7 版）中医方案部分，组织翻译专业委员会译成英语、法语、俄语、德语、意大利语、葡萄牙语、日语、韩语、泰语、波斯语、乌尔都语、西班牙语、匈牙利语共 13 种语言。

中国有关组织和机构已经向 100 余个国家和地区、多个国际组织捐赠了中成药、饮片、针灸针等药品和器械。以"三药三方"为代表的一批中医药疗法，被证明对新冠肺炎具有显著疗效，引发了海外的极大关注。经媒体报道后，纽约出现中药脱销现象。在中华中医药学会支持下，发起组建了"聚智国际中医药共享平台"，将中医药诊疗技术和临床经验，分享给世界各国。针对这次新冠肺炎疫情，设立了国际学术协作平台，由中国工程院院士张伯礼和中国科学院院士仝小林领衔，在新冠肺炎防治中积累了丰富经验的专家进入平台的专家库，利用这个平台长期开展中西医融合的学术交流，探索新技术、新方法，进行诊疗案例的分享。

图 2-61 新型冠状病毒肺炎诊疗方案（试行第 7 版）中医方案外文版

病毒无国界，随着国内疫情逐渐稳定，中国医疗队火速"逆行"，前往海外支援，用"中国温度"温暖世界。委派中医专家前往塞尔维亚、尼日利亚、俄罗斯、哈萨克斯坦、柬埔寨、委内瑞拉、巴基斯坦、伊朗、伊拉克、意大利等多个国家支持抗疫。

图 2-62 中国医疗队支援塞尔维亚

图 2-63 中国医疗队支援意大利

图 2-64 中国援助比利时

四、中西医结合，救治危重症

　　中华人民共和国成立以后，毛泽东非常重视卫生事业的发展，特别是对中西医结合问题。他在 1958 年对举办西医离职学习中医班做出重要批示："中国医药学是一个伟大的宝库，应当努力发掘，加以提高。"为我国中医药及中西医结合工作指明了前进方向。自此，我国卫生事业开启了一扇新的大门。60 多年来，中西医结合医学从中西疗法的并用、配合，不断走向中西医学的互鉴、交融，逐步构建起中西医结合的新医学体系。这当中涌现出如感染性休克、小夹板固定术、急腹症治疗等一系列中西医结合研究成果，并在急性传染性疾病、心脑血管疾病、肿瘤等的防治中，发挥着不可替代的独特作用。党的十九大报告中更明确指出"坚持中西医并重，传承发展中医药事业"。

　　不少人认为中医只能治疗慢性病，不能治疗急症、危重症，而实际上，治疗急危重症是中医真正的优势。比如，我国中医临床医学奠基之作《伤寒杂病论》中，所治疾病多是伤寒这一类急性热病引起的急危重症。晋代葛洪所著《肘后备急方》更是中医第一本急救手册，汇集了各种治疗急危重症的单方、验方，对后世

图 2-65　西医离职学习中医培训班论文集

影响深远。唐宋以来，中医治疗急症的经验不断丰富，特别是明清时期所兴起的温病学派，更是把中医治疗外感热病急症从理论到临床推进了一大步，不仅使中医急症的临床思维臻于完善，还针对急性热病常见的高热、昏迷、抽搐、出血、厥脱等形成了一套完整的治疗法则。同时，创立了像安宫牛黄丸、紫雪丹这类被公认可救急解危的有效良方。《史记·扁鹊仓公列传》记载：战国时期的名医扁鹊，路过虢国，适逢虢太子暴病而死，举国上下忙于为其办理丧事。扁鹊诊后，确定太子之病是"尸厥"（类似休克、假死），经他和徒弟用针刺治疗，虢太子居然渐渐苏醒过来。后用汤剂热熨两胁，太子便能坐起，继服汤药 20 天，竟完全恢复健康。这是中医史上极其著名的一个急救病例，至今仍被传为美谈。

图 2-66
扁鹊施针图

　　2002 年，凤凰卫视中文电视台主持人刘海若在英国遭遇车祸，在被英国医学界认定为"脑死亡"的情况下，鼻饲服用中成药安宫牛黄丸后奇迹般地恢复了神志的实例，充分展现了中医药急救的独特优势。

　　随着科技的不断发展，医学界预防和治疗急危重症的水平出现划时代提升。中医和西医在治疗急症和重症方面，都有各自的方法和优势，同时也都存在认识上的不足，中西医结合则可以弥补不足之处，提高临床抢救成功率，降低死亡率。在中西医结合学科发展历史进程中，我国一批献身于中西医结合的专家，奋发努力，艰苦创新，为探索中西医结合治疗急危重症做出了许多开拓性工作，并取得了令世界瞩目的成就。

（一）骨折新疗法，小夹板固定术

1957 年的春天，在天津市一家医院的创伤病房里，一个青年骨折患者即将出院。这个患者是个青年司机，因为车祸导致骨折被送进医院，在创伤科进行了手术治疗，术后患者得了骨髓炎，为了保住性命，不得不进行多次手术。就这样，患者在医院一住就是几年，几经折腾，痛苦不堪，伤口总算愈合了，却落下了终身的残疾。当这位患者准备出院时，他拉住医生的手无限感激地说："尚大夫，是您给了我第二次生命，感谢您对我的救命之恩。"然而这位医生却流泪了，他抑制不住自己内心的愧疚和痛苦。他不断地在内心责问自己：这是治愈骨折吗？除了手术、石膏固定，就没有更好的治疗骨折的办法吗？这个医生就是尚天裕，我国中西医结合骨科的开创者，也是近代骨折新疗法——小夹板固定术的创立者。

1917 年 12 月 25 日，尚天裕出生在山西省万荣县一个普通的农民家里。1944 年，尚天裕以优异的成绩毕业于西北联合大学，毕业后留校，成为一名救死扶伤的外科医生，开始了他以医生为职业救死扶伤的人生历程。中华人民共和国建立初期，在天津第一医院任外科主治医师，从事骨科临床工作。

那个时候，我们国家的骨科刚刚起步，骨科医生很少，在骨折的治疗中也主要受到西医的影响。由于西医将骨折的治疗归到创伤骨折治疗体系中，治疗时把骨折的部位切开，充分显露，并且给予钢板和螺丝钉固定，也就是骨科医生常说的切开复位内固定。这样，骨折部位无法活动，在这样的条件下，骨折可以直接愈合。

图 2-67　小夹板固定术创立者尚天裕教授

1957 年，尚天裕担任天津市第一中心医院外科副主任，分管创伤骨折的治疗。尚天裕认为只要麻醉安全、骨折切开后位置对好，给予坚强内固定，术后给予抗生素预防感染，就可以解决问题。但随着天天和骨折患者打交道，他却发现手术做得越多，内固定越复杂，骨折愈合得就越慢。同时很多患者会出现骨折不愈合、关节僵硬等合并症，也被称为"骨折病"。文中开头那位青年患者就是这样的情况。而越来越多的患者和家属都向他提出同样的问题：尚主任，我的骨头什么时候能长好？我骨折的地方还能不能活动，能恢复到什么程度？疑问和责问不断地冲击着尚天裕的内心。是否能寻找到骨折治疗更好的办法呢？

随着毛主席在《卫生部党组关于西医学中医离职班情况成绩和经验给中央的报告》上做出重要批示，发出"中国医药学是一个伟大的宝库，应当努力发掘，加以提高"的号召，全国掀起了西医学习中医的热潮。尚天裕参加了天津市卫生局举办的第一期在职西医学习中医班。通过反复学习，他认识到中医学有几千年的历史，是我国劳动人民长期同疾病做斗争的经验总结，是宝贵的民族文化遗产，对中华民族的繁荣昌盛做出过巨大贡献，中医不但能治好病，而且能治好一些西医不好治或治不了的病。我们掌握了现代科学知识和方法，具有西医知识，应该珍惜祖先留下来的文化遗产，应用现代科学知识和方法，找出它的科学根据。随着学习的不断深入，尚天裕一直纠结的问题也逐渐豁然开朗。他坚信通过发掘中医的宝贵遗产，能找出一条治疗骨折的新路子！

　　抱着这样的想法，尚天裕开始向中医学习正骨技术。医院里请来老中医，他就拜师学技。有了骨折患者，他先请教中医，如果中医能治的，就学习中医治疗方法；中医不能治的，仍然采用西医方法。在最初的两年多时间里，应用单纯中医方法仅仅能治疗几个简单的骨折，比较复杂的骨折仍然需要开刀和打石膏。经过不断的临床实践和总结，虽然治疗的患者越来越多，但疗效的提高却越来越难，陷于停滞不前的状态。这个时候医院党委书记兼院长马突围坚定地支持了尚天裕。他鼓励尚天裕："中西医结合是走前人没有走过的道路，不可能一帆风顺，有充分的思想准备，才能急流勇进。中医药学是一个伟大的宝库，但不是进展览馆，琳琅满目，伸手可得，要主动发掘。"为了更好地提高骨折治疗的效果，医院采取了"请进来"和"走出去"两种办法，把全市有经验的老中医都请到医院来，谈经验，做示范。尚天裕又到全国各地求师访贤，登门求教，向更多的老中医学习。

　　通过学习，他逐渐认识到：中医治疗骨折的技法很多，都各不相同，各有所长。西医由于过去从未接触过中医，开始学习时，可以先以一方一技、一师一徒的方式入门，但绝不是把西医变成中医。只跟某个中医学习，怎能说是"发掘"中医学宝库呢？原封照搬，怎能说是"提高"呢？中西医虽然坐在了一起，但井水不犯河水，又怎能说是"结合"呢？现在初步掌握了一些中医基本知识，就要从狭小的圈子里跳出来，取百家之长，走创新之路，使古今中外，皆为我用。

图 2-68 尚天裕教授研创的小夹板系列

经过一段临床实践的努力，一套以小夹板局部固定为特点、以手法整复和患者主动功能锻炼为主要内容的中西医结合治疗骨折的新疗法终于初步形成，把许多患者从手术台、牵引架和石膏固定中解放出来。

尚天裕继续在已有成绩基础上，不断总结和完善中西医结合治疗骨折的新方法，正确地认识骨折治疗中的"动与静""筋与骨""内与外""人与物"的辩证关系，通过重新研究人体骨折后的病理变化，提出了"动静结合、筋骨并重、内外兼治、医患配合"的骨折治疗新原则，经过深入细致的分析归纳，明确了适应证，配套了整复手法，改进了外固定器材，同时也让骨折愈合过程中的练功术式更加合理。从此打破了西医长期以来"广泛固定，完全休息"的传统观念，使骨折治疗有了质的飞跃，并带来了学术理论上的创新。

中西医结合治疗骨折的优点：第一，骨折愈合快。采用中西医结合治疗骨折，骨折的愈合时间同单纯西医疗法相比，可以加快 1/3；疗程也明显缩短，和单纯的西医疗法相比，疗程缩短了一半。第二，功能恢复好。治疗后骨折的功能恢复满意率为 95%。第三，医疗费用省。采用这种治疗方法，患者的医疗费用仅是过去的 10%。第四。患者痛苦小，治疗过程中很少发生合并症，诸如关节僵直、肌肉萎缩、骨质疏松、骨折延迟愈合和不愈合等，骨折不愈合率由过去的平均 5%~7% 下降到 0.04%。

1963 年 9 月，第 20 届国际外科年会在意大利罗马召开。方先之教授代表中国首次宣读了《中西医结合治疗前臂双骨折》的学术论文，引起了与会 62 个国家的 2000 名学者的兴趣和赞赏，会后收到许多国家索取学术资料的信件。1964 年，国家科委组织全国中西医专家在天津对"中西医结合治疗骨折新疗法"进行鉴定，一致认为这是一项重大的科研成果，建议向

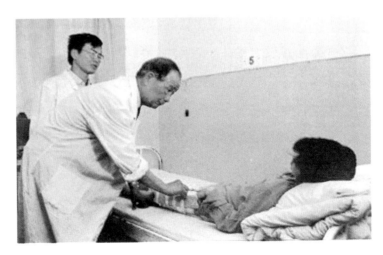

图 2-69
尚天裕教授查房

全国推广。此后，开始举办全国性的中西医结合治疗骨折学习班。至 1988 年，共办 20 期，学员达千余人。《中西医结合治疗骨折》一书，也于 1966 年正式出版，1970 年再版。

1970 年，在第一次全国中西医结合会议上，周恩来总理说："对小夹板外固定治疗骨折，我很感兴趣，这是辩证法，它说出了真理。局部与整体、内因与外因，两个积极性都要发挥。"

图 2-70 《中西医结合治疗骨折》

上百名外国医学代表团和华侨相继来医院参观骨折新疗法，并对此赞不绝口。《中西医结合治疗骨折》一书，被译成德文（后又译成英文、日文）作为骨科丛书之一在欧洲发行，受到很高评价。W．克罗斯（Krosl）博士在此书序言中写道："1973 年，我有机会去中华人民共和国访问……学习了他们的方法，其中最惊人的有两项：一是那里的医生才智惊人，他们能将较复杂的骨折整复得很好；二是其固定方法与西方有很大的差异……其中最显著的例子是前臂双骨折及踝部骨折……"

中西医结合治疗骨折的成果于 1978 年获国家科学大会奖，同年获卫生部医学科学技术大会奖。1978 年，尚天裕被任命为中国中医研究院骨伤科研究所所长。1980 年，中国中医研究院骨伤科研究所成为我国首批中西医结合骨伤学科硕士学位授予单位；中西医结合骨折疗法被我国医学院校广泛采用，奠定了其在我国中医骨伤创伤治疗中的核心地位。

值得关注的是，西医也越来越强调，骨折的治疗应充分保护骨折的血液供应，将骨折部位的破坏降低到最小的程度。骨折固定物的材料、复位及固定方法均有较大的改进，骨折治疗的微创化也逐步运用于临床。这些理念与尚天裕创立的中西医结合治疗骨折的

图 2-71　尚天裕教授与采用小夹板固定术的国外患者合影

理念相契合。中西医结合治疗骨折体系的确立在国际上也被称为 Chinese Orthopedics，即中国骨伤学（CO）。它既闪烁着中华文明璀璨的光彩，又在引领当今骨伤科学的发展潮流。

（二）通里攻下法，治疗急腹症

德州市中心医院的张院长突发重症急性胰腺炎，疼痛剧烈，大汗淋漓，生命岌岌可危。重症急性胰腺炎在医学界被称为良性病死亡之神，死亡率相当高，且大部分患者短期内死亡。张院长的病情危重，多家医院外科专家会诊束手无策，抱着试一试的想法，家属将患者转院到天津市南开医院，寻求中西医结合治疗。在周密的中西医结合方案治疗下，经过三天抢救，患者转危为安，三个星期就出院了。在南开医院，这样不用手术治愈的急腹症患者不计其数。

除了急性胰腺炎，常见的急腹症还包括急性阑尾炎、急性肠梗阻、溃疡病急性穿孔、急性胆道感染及胆石症等。急腹症一经诊断必须立即手术，是

被写进教科书中的金科玉律,而南开医院却通过中西医结合的非手术疗法成功治疗急腹症,并在重症急性胰腺炎和重症腹内感染、多器官损害等外科危重病的治疗中获得了良好的疗效。而这一成果的取得还要从一位年轻的外科医生说起。

1958年10月11日,卫生部党组向中央写了《关于西医学中医离职学习班的总结报告》,报告中毛主席做重要批示:"我看如能在1958年每个省、市、自治区各办一个70~80人的西医离职学习班,以两年为期,则在1960年冬或1961年春,我们就有大约2000名这样的中西结合的高级医生,其中可能出几个高明的理论家。"在西医离职学习中医热潮中,有一位从事普通外科工作的年轻医生主动加入了天津中医学院(现天津中医药大学)举办的"西学中"班,并用近半个世纪的时间,努力在中医和西医之间寻找一条和谐发展之路,成为我国中西医结合治疗急腹症的主要奠基人。他便是天津市南开医院的老院长、我国中西医结合的领路人、首届国医大师、中国工程院吴咸中院士。

在没有学习中医之前,吴咸中就已经是一名出色的外科医生了,被誉为天津普通外科的"三把刀"之一,在普通外科和血管外科领域颇有建树,是当时医院最年轻的副教授。1959年2月,为响应西学中号召,吴咸中主动参加第二期西医离职学习中医班,开始系统学习中医,经过两年半的系统学习,翻阅无数中医典籍,在理解了中医的博大精深后,他认为在西医诊断明确的基础上,再配合中医辨证、中药治疗,这便是中西医结合。1960年秋,吴咸中与几位志同道合和的外科医生开始了中西医结合治疗急腹症的探索研究。通过逐个病例的具体分析他发现,使用中药治疗急腹症,不仅患者恢复快,且能有效避免术后并发症。在中医辨证论治原则的指导下,吴咸中初步制定出急腹症患者具体的辨证原则与方法，再与西医诊断相结合，他又提出了中西医结合的分期分型方法，确立了治则与方药、治疗过程中的动态观察与手术指征等，初步形成了辨病与辨证相结合的中西医结合诊治体系。

中西医由于产生的时代不同、文化背景各异，也有着各自的优缺点，中医整体观念强，可同病异治，也可异病同治，然而对具体疾病的认识却不够深刻。西医能弥补中医这一不足，却在全面改善病情、缓解症状上不如中医。中西医结合，取两医之长，才能达到非常好的治疗效果。广州一名市委书记患结肠癌，手术后第 6 天肚子胀得非常严重。专家意见不一致，有的说是腹膜炎，要马上做手术，有的说要做人工肛门。吴咸中看过患者后说："这不是肠梗阻，是手术吻合口有漏的地方，肠子里的气跑到腹腔而导致气腹，但没有腹膜炎。把这个气穿出来，随后按照溃疡病穿孔的治疗方法，可避免手术就能把病治好。"其他专家半信半疑，结果给患者做穿刺，气一下就出来了，肚子马上消胀了，再按溃疡病穿孔治疗方法施行针灸，几天后患者果然痊愈了。连续几年，吴咸中院士团队采用中西医结合非手术治疗 900 多例急性阑尾炎，成功率（治愈和显效）达 93.6%，死亡率仅为 0.2%。阑尾炎中西医结合非手术治疗的成功，打破了手术是阑尾炎唯一有效疗法的看法，突破了根深蒂固的"手术万能"的传统观念。

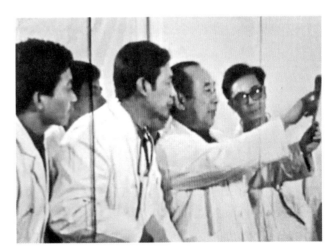

图 2-72　吴咸中在会诊中

　　吴咸中的灵丹妙药是活用《伤寒论》中的通里攻下法。中医通里攻下法是攻逐病邪的主要治法之一。中医学认为，肠属腑，"腑以通为用，以降下为顺，以滞塞上逆为病""通则不痛，痛则不通"，急腹症常见的腹痛、腹胀、呕吐、便结等症状多为六腑的病象。《黄帝内经》中有这样的记载"留者攻之""中满者，泄之于内""其实者，散而泻之"，较为明确地表达了中医下法等治疗的目的和意义。《黄帝内经》为下法提供了理论基础，而真正将下法理论与实践结合并在临床应用的是汉代医家张仲景，他在《伤寒论》中创立下法代表方剂三承气汤，并针对不同的病机病证，设立峻下、缓下、润下、导下诸法及承气诸方，这些方和法堪称下法的鼻祖。宋金元时期的钱乙、刘完素、张从正等都主张攻邪以治病。到了明清时期，随着温病学的逐渐发展，通下法在温病中广泛应用。但由于时代的局限性和中医外科技术条件的限制，在近三千年中医发展史上，对腹部外科尤其是急腹症的认识和治疗没有形成系统的理论体系。吴咸中院士以其深厚的外科学基础和对中医理论体系的深刻了解，在中西医结合治疗急腹症领域实现外科治疗学的重大变革。

　　1961～1971 年，吴咸中先后举办了 11 期全国中西医结合治疗急腹症学习班，为全国培养了上千名技术骨干。1972 年，吴咸中主编的第一部专著《中西医结合治疗急腹症》出版，标志着中西医结合研究已经从肯定疗效向总结规律、确立新体系的阶

图 2-73　吴咸中院士

段不断深入。1973 年，他主编的《急腹症通讯》出版，用以推广中西医结合治疗急腹症经验。1975 年 5 月，他创办了天津市中西医结合急腹症研究所。1982 年，WHO 公布中国在世界领先的五项医药项目中，中西医结合治疗急腹症荣列其中。

进入 20 世纪 80 年代，在中西医结合治疗急腹症获得肯定疗效的基础上，吴咸中院士团队开始科学系统地探索中西医结合治疗急腹症的机制，提出"肯定疗法、摸索规律、改革剂型、探索机理"的临床研究思路，并创立急腹症治疗"八法"，倡导"以法为突破口、抓法求理"的中医理论研究方法学。通过科研实践，从临床、基础和药学研究证实中西医结合治疗急腹症的效果，成为中西药结合的典范。

中医认为，胃肠属于腑，其生理特点为"传化物而不藏也，故满而不能实"（《素问·五脏别论》）。腑的功能当以通降下行为顺，滞涩不通为逆，故以通为用的原则在腑证治疗中具有重要指导意义。急腹症中最主要的症状是急性腹痛。中医认为，疼痛多为"气血凝滞"所致，也常说"痛则不通，不通则痛"，因此"通"的原则应贯穿急腹症治疗的始终。人体的胃肠道除了作为消化吸收的器官外，还具有奇特的屏障功能，它可以防止肠内的细菌和毒素进入人体器官，但重症急腹症一旦发作，肠道的屏障功能就被打破。此时，中西医结合的优势就是用通里攻下

图 2-74　吴咸中给病人进行诊察

中药排泄体内毒素，同时还能保护肠道的屏障功能，减少细菌与内毒素入侵。

现代研究发现，通里攻下法能有效地促进胃肠道运动，清洁肠道，抑制肠道细菌和内毒素移位，从而达到减轻重要脏器损害，保护肠屏障以及对腹腔脏器血流影响的目的。研究证实，通里攻下法对正常和病理状态下的脏器血流有改善作用，即改善腹腔脏器血运（腹腔效应）及免疫调节（整体效应）等作用，使通里攻下法的主要作用机制得到科学的阐明。清热解毒法有明显的抑菌作用。清热解毒药物能有效地抑制大肠杆菌、变形杆菌、产气杆菌、金黄色葡萄球菌及多种厌氧菌的生长，增强腹腔巨噬细胞吞噬功能，抑制内毒素诱生的细胞因子，增强对氧自由基的清除能力。活血化瘀法在急腹症的防治中起着改善血液循环、促进腹膜吸收功能、抗炎、保护脏器损害、促进组织修复的作用。活血化瘀方药除有助于改善血瘀的主证或兼证外，还与通里攻下法有协同作用。通里攻下法、活血化瘀法联合应用，可以进一步减轻氧自由基损伤，增强肠道屏障保护功能，实现多靶点治疗目的。

同时，科研工作者还深入开展了中药新药研究与剂型改革。比如采用清解片、化瘀片、巴黄片"阑尾三片"治疗阑尾炎取得良好的疗效，获原卫生部甲级成果奖。其他药物，如清胰片、疏肝止痛片、清热利胆片、活血化瘀片等应用至今仍有极大的临床需求。

随着中西医结合治疗急腹症临床和基础研究逐步深入，理论体系日趋成熟，中西医结合治疗急腹症的研究逐渐转向严重影响人类健康的疑难和危重急腹症领域，主要包括重症胆道感染、重症急性胰腺炎、复杂性肠梗阻，以及重症急腹症和大手术所致的器官衰竭等方面。理论研究上重点研究阳明腑实证及其变证在急腹症发病中的作用；在治疗上重点研究通里攻下法及其与活血化瘀法、清热解毒法、理气开郁法等的相互作用。这些研究内容体现出中西医结合急腹症的研究进入了一个更高的水平。

20世纪80年代中期以来，鲁焕章、吴咸中等率先采用十二指肠镜开展经内镜鼻胆管引流术（ENBD）和十二指肠乳头括约肌切开术（EST）加用中药清热利胆、通里攻下治疗当时医疗条件下病死率极高的急性梗阻性化脓性胆管炎（AOSC），使病死率从10%～20%降至4.8%，而后又降至2.8%，在国内产生巨大影响。1990年，吴咸中总结并发表了《在高层次上发展中西医结合的思路和方法》一文，对高层次中西医结合提出3项标准：一是采用先进的诊断技术，做出明确的定位、定性及定量诊断；二是采用中西医结合治疗，取得优先单用西医或中医的治疗效果；三是通过临床及实验室指标的动态观察或实验研究，能说明其治疗痊愈机制。吴咸中院士在中西医结合的思想指导下，开展了腹部外科疑难重症如重症急性胰腺炎、腹部大手术及重症急腹症所致多器官功能衰竭（MODS）研究，使重症胰腺炎的病死率从30%降到15%，该成果荣获国家科学技术进步奖二等奖，进

图2-75　吴咸中主持的"通里攻下法在腹外科疾病中的应用与基础研究"获2003年度国家科技进步奖二等奖

一步确立了中国中西医结合急腹症治疗的学术地位。中西医结合治疗急腹症相关诊断与治疗方法被载入《黄家驷外科学》等外科权威著作中，取得国际领先的临床疗效和理论成果。

近年来，大数据和循证医学方法广泛应用于中医药学研究领域。科研工作者针对急腹症中最难以攻克的课题——重症急性胰腺炎、复杂性肠梗阻和重症急腹症所致的多器官功能衰竭等，应用通里攻下法进行了多项对照、盲法、多中心的临床研究，并利用现代科学技术手段，在细胞、分子水平上进行药物作用途径、作用机制等方面的研究。多项临床研究结果表明，以通里攻下为主的中西医结合治疗方案能够降低重症急性胰腺炎并发症的发生率和病死率，缩短患者住院时间，节省医疗费用。在重症急腹症所致的多器官功能衰竭机制研究中，不仅系统地观察到通里攻下法能有效降低急性肺损害和急性呼吸功能不全综合征的发生率，而且基于大肠腑实证"肺与大肠相表里"理论研究了"由肠及肺"的脏腑传变机制，发现腹腔淋巴系统是一条重要途径。动物实验研究也证实，通里攻下法可以明显减少模型动物肺损害的程度，而腹腔淋巴引流液是导致健康动物肺损害发生的重要因素。研究还发现，在急危重症中广泛存在着机体严重的免疫失衡，通里攻下法能纠正失衡的免疫状态，从而减轻抗炎性代偿综合征（CARS）发生率，提高了治愈率。这一阶段研究再次证明了通里攻下法的"整体效应"。另外，对于复杂性肠梗阻则在充分利用现代技术基础上，应用中医内治法与外治法相结合，大大提高了通里攻下法的治疗效果。这些研究分别获得中国中西医结合科学技术进步奖一等奖、二等奖和天津市科学技术进步奖二等奖。

大师风采·吴咸中

半个世纪以来，中西医结合治疗急腹症在国内外形成巨大影响，中医治疗急腹症诊疗技术在全国范围得到普及，挽救了无数患者的生命。

五、慢性难治病诊治有良方

（一）众院士合力攻关心脑血管病

据国家心血管病中心发布的《中国心血管健康与疾病报告（2019）》报道：近年来，心脑血管疾病已居我国城乡居民总死亡原因的首位，高于恶性肿瘤和其他疾病。2017年，我国农村和城市心血管病分别占死因的45.91%与43.56%。据推算，我国目前心脑血管病患者约有3.3亿，心脑血管疾病已成为严重危害广大人民群众生命健康的"超级杀手"。面对这一凶险的杀手，我国中医药领域的院士团队，自20世纪50年代以来，便先后投身到心脑血管疾病防治的课题研究中。经过60多年的不懈奋斗，几代中医人呕心沥血，以中医药为武器，合力攻关心脑血管病，谱写出一曲曲"健康中国"的壮丽乐章。

1. 陈可冀院士与活血化瘀

2004年2月20日，北京人民大会堂举行了2003年度国家科学技术奖励大会，时任中共中央总书记、国家主席胡锦涛亲自把"国家科学技术进步奖一等奖"的证书授予了中国科学院院士陈可冀教授，以奖励他在"血瘀证与活血化瘀研究"领域的杰出成就。这也是该奖项自设立以来，中医人和中医药行业获得的首个一等奖。

陈可冀是谁？他所做的"血瘀证"研究又是什么呢？这还要从 1956 年说起。从福建医学院毕业不久的陈可冀踏上了北上学习中医之路。这一去，也使他与中医结下了一生的缘。1956 年 4 月，初到北京的陈可冀与当时已 78 岁高龄的四川名医冉雪峰一起分配至内科研究所工作。在此期间，他跟随冉雪峰学习中医，并成为冉雪峰的关门弟子。冉雪峰在临证之余，系统地为陈可冀讲授《黄帝内经》《难经》《伤寒论》《金匮要略》等中医经典，为陈可冀打下了坚实的中医基础。当时的经方名医岳美中也在内科研究所从事医疗工作，因此，初始一两年，陈可冀还听岳美中逐条逐句地讲授《金匮要略》。有时，他也跟随岳美中前往北京协和医院、北京人民医院会诊尿毒症患者。除跟师学习外，陈可冀还在北京市西学中班系统聆听了蒲辅周、陈慎吾等中医大家讲解的《伤寒论》《温病条辨》《温热经纬》等中医经典，对中医典籍的广泛阅读与学习，使他理论水平突飞猛进。岳美中看到他立志学习中医，还曾专门赠诗勉励："我本无才最爱才，年来更复抱痴怀。中医宝藏靠谁发？愿与吾君好自开。"这些名老中医对中医事业的理想、执着、才智和阅历，以及他们甘当人梯、扶植后学的精神品质，无不对陈可冀产生着深远的影响。

随着学习的深入，1958 年，陈可冀与著名老中医赵锡武、郭士魁等和中国医学科学院心血管病研究所（阜外医院）协作，研究中医药治疗高血压与冠心病。1959 年，他参加中国医学科学院心血管病研究所心电图进修班学习，授课老师为黄宛与方圻两位教授。同时，他还在黄宛与中科院院士张锡钧教授的指导下开展高血压病弦脉及其机制的研究。他将弦脉分为三级，结合临床观察，并通过在自己身上静脉滴注去甲肾上腺素等试验，证明弦脉的形成与人体儿茶酚胺的水平及血管敏感性有关，并将研究成果发表在《中华内科杂志》上。1959 年冬，陈可冀在全国第一届心血管病学术会议上，就高血压病中医分型及中西医结合治疗做了专题报告。这段经历，不仅大大提高了他的中医临床能力，也使他的西医水平不断得到提高，并为他日后从事心血管疾病的中西医结合研究奠定了坚实的基础。

1961 年，陈可冀从中国中医研究院内科研究所调至西苑医院，并与著名中医、全国劳动模范郭士魁研究员在同一个科室工作，二人志同道合，亲如家人，合作共事 26 年。郭士魁先生是著名中医临床家，也曾跟随冉雪峰学习，是陈可冀的师兄。郭士魁先生在冠心病、心绞痛、急性心肌梗死等疾病治疗中有丰富的临床经验，尤其擅长使用活血化瘀的治法治疗冠心病，并在临床工作中研制了"冠心Ⅱ号"等一系列行之有效的经验方。1961 年，陈可冀与郭士魁二人结合临床经验撰写了《冠状动脉粥样硬化性心脏病治疗规律的探讨》一文，并在《中医杂志》上发表。该文系统总结了郭士魁在辨证论治的基础上，使用血府逐瘀汤、失笑散、丹参饮与活血通脉膏等方药治疗冠心病的经验，并提出了治疗冠心病应注重活血化瘀治法的应用。在西苑医院的这段经历，为陈可冀开展活血化瘀疗法治疗冠心病积累了大量的临床经验。

事实上，活血化瘀疗法古已有之，只是在 20 世纪 60 年代之前，该治法大多用于治疗跌打损伤、妇科疾患等，在冠心病，

图 2-76　陈可冀与老师在一起工作

即中医"胸痹心痛"中应用较少。中医临床治疗冠心病多采用张仲景《金匮要略》中宣痹通阳的治法为主，以瓜蒌薤白半夏汤一类的方剂治疗。然而在实际临床中，该治法对一部分冠心病患者的疗效并不理想。在长期的临床实践中郭士魁发现，很大一部分冠心病患者往往具有心绞痛疼痛较重、舌质黯、有瘀斑等中医"瘀血阻滞证"的特点，于是对这些患者，使用活血化瘀为主的药物，如血府逐瘀汤、通窍活血汤、失笑散等方药进行治疗，取得了较好的疗效。在反复临床验证的基础上，郭士魁逐渐摸索出一套活血化瘀治疗冠心病的思路，并拟定了冠心 I 号、冠心 II 号等内服方药，同时还订立了心痛丸、心痛气雾剂、宽胸乳剂等针对心绞痛急性发作的急救用中成药。这些方法和方药极大地推动了中医药治疗冠心病的理论与实践的发展。

然而，质疑的声音随之而来。有西医医生认为，郭士魁的治疗仅凭主诉，没有客观指标，只有临床观察，没有对照研究，因而是不可靠的，进而不认可中医药治疗冠心病的成效。对于这些看似非难或挑剔的言论，郭士魁并没有过多地辩解。在他看来，由于历史条件的限制，几千年来，中医对疾病的辨识以及对疗效的评估，的确都是依靠患者的直观表述，缺乏客观标准，这是无可非议的。但是在科学高度发达的今天，中医学就必须借鉴现代科学和技术，使自己的诊断、治疗与疗效评估都有客观依据。于是，他开始着手将西医的诊断方法引入中医临床中，更加孜孜不倦，潜心研究。

1963 年，借中国中医研究院西苑医院与中国医学科学院阜外医院搞协作的契机，郭士魁专门设立了 5 张中医病床，与西医组进行对照研究。对于当时的郭士魁来说，这无疑是个严峻的考验。当时就有人对他说："郭大夫，您是一个中医，来西医院搞协作，会会诊，开个方就够了，何必自己管病房，劳累不说，弄得不好，还会被别人看笑话。"郭士魁十分清楚这样做的风险和压力。但他更清楚，如果就这么甘于让中医中药做陪衬，什么时候才能闯出一条中医学自己的路子来呢？于是他下定决心，要为中医药发展奋力拼搏一把。他以冠心 I 号、冠心 II 号方为主治疗冠心患者 30 多例，并反复观察、记录疗效，经与西医治疗组比较，获得了西医也由衷信服的疗效。

在此基础上，郭士魁针对中药治疗起效慢、中药煎煮过程繁、中药经济成本贵的三个劣势，进一步在药物筛选和给药方式与剂型等方面进行探索，力图攻克"慢、繁、贵"三个难关。于是，他开始广泛研究历代中医文献，并详细分析了《金匮要略》中治疗心痛的九痛丸和乌头赤石脂丸，以及《备急千金要方》中的五辛汤等方剂，发现这些方药的共同止痛原理就是"辛香温通"，这与他治疗胸痹心痛的指导思想完全一致。于是，他从大量此类处方中筛选出苏合香丸，其止痛疗效稳定确切，药效持久，但与硝酸甘油类相比，仍然起效较慢，且价格较贵。之后，他又系统分析苏合香丸的药物组成，详细研究每味药物的药性、功效，最终拟定出方药心痛丸。然而与硝酸甘油类相比，该药起效仍较慢，他又与药学专家合作，革新了制药工艺，将丸剂改进成心痛乳剂，终于取得了仅用 2~3 分钟即可缓解心绞痛的快速疗效。与此同时，为了降低药物成本，他不断筛选有效中药，并最终拟定出方剂宽胸丸，该方止痛效果好，起效快，而且价格低廉。中药治疗冠心病"慢、繁、贵"三大难关终于得以突破。

郭士魁的这段探索，在中医药治疗冠心病的征途上迈出了坚实的一步，也为中医药事业的发展翻开了崭新的一页。

1970 年，周恩来总理主持召开全国中西医结合工作会议，提出要加强对冠心病防治的研究。1971 年，北京地区防治冠心病协作组成立，阜外医院吴英恺院士担任组长，陈可冀与郭士魁等作为骨干成员，大家都积极投入到这一由北京十多家医院共同组成的研究队伍中去，重点研究活血化瘀法基本方冠心Ⅱ号方对冠心病的近远期疗效，以及宽胸丸对心绞痛的速效作用。经过十多个兄弟单位的共同努力，冠心Ⅱ号方（后改为冠心片）与宽胸丸（后改为宽胸气雾剂）经数万人临床应用证实，疗效稳定，价格低廉，成为当时治疗冠心病的首选药物。

　　冠心Ⅱ号方由丹参、川芎、赤芍、红花和降香5味中药组成。经协作组16个单位应用该方治疗心绞痛，显示其近期疗效：心绞痛显效率为25.8%，硝酸甘油减停率75.2%；后续观察患者服药1～4年后的远期疗效，心绞痛总有效率为89.6%～93.9%，硝酸甘油减停率70%～75.6%，并发现该方对缺血性心绞痛心电图S-T段改变有改善作用。大量的临床证据和实验研究显示，该方是治疗冠心病的经典方剂，与当时国产与美国进口的硝酸甘油对照，二者疗效无显著差异，且安全，副作用小。该方不仅

具有扩张心血管，改善心肌营养的作用，而且具有防止血小板聚集，抗血栓形成的作用。不仅可用于治疗冠心病，而且可用于治疗闭塞性脑血管疾病，尤其是陈可冀将其制成注射剂后，临床观察发现对急性闭塞性脑血管病有效率可达90%。后来，陈可冀又主持将冠心Ⅱ号方改制成由有效部位组成的精制冠心片的研究。1981年，由他所在的西苑医院与中国医学科学院心血管病研究所、同仁医院等北京地区几家医院临床合作

图2-77　陈可冀院士

开展双盲随机、安慰剂对照的临床研究，其研究论文《精制冠心片双盲法治疗冠心病心绞痛 112 例疗效分析》发表在 1982 年的《中华心血管病杂志》上，被循证医学专家认为是我国中医药领域第一篇 RCT 多中心的临床试验报告，此前本项目还曾于 1978 年荣获全国科学大会奖。此外，关于冠心 II 号方的证效动力学研究，也在 2001 年获国家科技进步奖二等奖。川芎嗪注射液和精制冠心片（颗粒）均被 2010 年版《中国药典》所收载。

此外，陈可冀团队还对宽胸制剂抑制心绞痛急性发作的作用机理进行了研究，不仅发现其与国产硝酸甘油效果大体相同，临床药理学观察还证明，宽胸制剂可有较迅速改善脑血流图的功用。并研制了治疗心绞痛的速效药物——宽胸气雾剂，获 1978 年卫生部甲级成果奖。冠心 II 号组成药物之一——川芎的 I 号生物碱（四甲基吡嗪）经北京制药工业研究所协助确定结构并进行人工合成，陈可冀亲自与研究人员观察到在电镜下确有抗血小板聚集性的效用，证实了其抗血栓素和抗血小板聚集的机理与效用，并进一步在我国首先从临床证明该药可有效应用于急性脑血栓形成患者，经此治疗后 70%以上患者能下地活动，生活自理，后以"川芎嗪"商品名在全国推广，现已成为国家基本药物。

除针对冠心病的活血化瘀方冠心 II 号方研究外，陈可冀深入系统地开展了活血化瘀名方血府逐瘀汤的基础和临床研究。在主持国家"六五""七五""八五""九五""十五""十一五"攻关项目及国家自然科学基金重点项目等有关中医药及中西医结合研究项目中，对血府逐瘀汤、精制血府逐瘀汤中活血化瘀药物有效部位川芎总酚、赤芍苷、赤芍 801 等进行基础和临床研究，获显著进展。

20 世纪 80 年代末，冠心病介入治疗技术引入我国，极大地推动了冠心病的治疗。然而，介入治疗后 20% ~ 30% 的冠状动脉再狭窄也成为困扰医学界的一大难题。陈可冀院士敏锐地抓住这一契机，结合活血化瘀法在冠心病治疗中的成功应用及再狭窄发生的病理环节，大胆提出血脉瘀阻为再狭窄发生的主要机理所在，选择经典活血化瘀方剂"血府逐瘀汤"及其简化方进行中药干预再狭窄的研究。在临床及实验室研究中，他观察到赤芍精有抗血小板聚集及抗血栓烷（TXA_2）样作用，表明赤芍对冠心病及脑血栓患者有抗环加氧酶活性从而抑制抗血栓烷生成的作用，揭示赤芍可降低冠心病患者血浆血栓烷水平及 β - 血小板球蛋白（β-TG）水平。于是，他将血府逐瘀汤进行简化并研制成由中药有效部位组成的芎芍胶囊，并将其用于治疗冠心病介入术后的再狭窄。

20 世纪 90 年代起，陈可冀及其课题组成员与北京安贞医院、中日友好医院、北京同仁医院、广东省中医院等合作，应用活血化瘀药川芎、赤芍的有效部位，开展多中心研究其预防冠心病介入治疗后再狭窄的功效。研究结果表明，血瘀证的轻重与再狭窄的发生关系密切；活血化瘀中药干预可以明显减少冠心病介入治疗后再狭窄的发生及心绞痛的复发，使冠脉再狭窄及心绞痛复发率下降了 50%。进一步对其机理进行研究发现，其机理涉及抗血小板聚集，抑制内膜增殖，改善血管重构等多个环节，为药物防治再狭窄提供了新的有效途径。同时，在研究过程中，陈可冀团队还证实了血瘀证与血液循环和微循环障碍、血液高黏滞状态、血小板活化和黏附聚集、血栓形成、组织和细胞代谢异常、免疫功能障碍等多种病理生理改变有关，活血化瘀方药具有改善血管内皮受损，抑制血管平滑肌细胞（SMC）增生和血管重塑，调控相关基因表达，抗血栓形成等作用，阐明了血瘀证和活血化瘀的现代科学内涵。"十五"期间，他的团队依据循证医学的原则与方法，采用随机、双盲、安慰剂对照、多中心临床试验对这一治疗方案的临床疗效进行验证，取得了很好的成果。与此同时，随着活血化瘀法治疗介入术后再狭窄研究不断深入，国内其他单位已相继开展活血化瘀药如补阳还五汤、川芎嗪、丹参等干预介入术后再狭窄的研究工作。

在广泛开展活血化瘀法治疗冠心病的临床与基础研究的同时，陈可冀还广泛开展国内外的学术交流。1981年，陈可冀组建中国中西医结合学会活血化瘀专业委员会，并任第一、二、三届主任委员，倡导和促进活血化瘀的临床应用、理论研究及活血化瘀学说的国内外学术交流。陈可冀带领他的学术团队在继承传统理论的基础上，根据临床大量流行病学调查资料及实验研究结果，建立了血瘀证诊断标准及疗效评估标准，在主持两届中日韩国际会议上进行讨论并获认同，成为国内行业认可标准，被引用共计290次。陈可冀提出了血瘀证传统分类与现代分类的方法，即对传统活血化瘀中药进行了和血、活血、破血不同功能的传统分类及其对宏观及微观生物流变性影响不同强度的现代分类。他还与张之南、梁子钧、徐理纳教授合作主编《血瘀证与活血化瘀研究》及与史载祥合作主编《实用血瘀证学》等活血化瘀学说相关专著，在传统血瘀证和活血化瘀理论的基础上建立了现代活血化瘀学术理论体系。这些血瘀证标准和分类方法，得到了国内外一致认同和普遍采用；倡导应用的活血化瘀治法，除用于治疗心脑血管病外，还被推广应用到临床其他学科病种的治疗中。活血化瘀治法也在国际上产生了很大的影响，不少国家也掀起了活血化瘀药研究的热潮，日、韩等国家还相继成立活血化瘀专业学术团体。《日本东洋医学杂志》曾为活血化瘀冠心病制剂研究发行专集，由日本厚生省拨巨款，将活血化瘀研究列为重点课题，并仿制活血化瘀药冠心Ⅱ号制成冠元颗粒，畅销日本及东南亚。"活血化瘀"已成为继针灸之后，中医药在国际上有较大影响的又一种治疗方法，对中医药走向世界起到了积极的推动作用。

陈可冀院士在西苑医院从事中西医结合心脑血管疾病医疗及研究50余年，他带领课题组从事的血瘀证与活血化瘀的研究形成了具有中医原始创新的理论体系，辐射全国范围，引领了活血化瘀方药在心脑血管病中的研发应用，形成了所谓"活血化瘀现象"，其研究成果荣获2003年国家科技进步奖一等奖。

图 2-78　陈可冀受邀到日本进行学术交流

陈可冀院士主持的"血瘀证与活血化瘀研究"，既继承了中医传统活血化瘀理论，又创造性地做出现代科学的系统阐述，赋予血瘀证和活血化瘀新的内涵，推进了血瘀证和活血化瘀这一新兴医学领域的现代发展，是现代中医学的原始理论创新，极大地丰富与发展了传统中医活血化瘀治法的理论与临床应用。经过陈可冀学术团队三代人的不懈努力，逐渐形成了血瘀证和活血化瘀的现代学派，其学术影响辐射全国，且被日本、韩国及东南亚地区的同行所接受，成为中西医结合研究的一个典范。

在陈可冀院士团队系统研究以活血化瘀法治疗冠心病等心血管疾病的同时，我国中医界的其他院士团队也在不断从不同角度探索心脑血管疾病的治疗，他们的这些研究与创见，不断丰富着中医药对心脑血管疾病的认识与治疗。

2. 王永炎院士与中医脑病

王永炎院士是中医脑病大家，长期从事中医脑病的临床与科研工作。在对脑病尤其是中风病的临床研究中，王永炎院士认为活血化瘀疗法具有重要价值，同时，他在活血化瘀治法的基础上，又提出了诸多契合脑病临床的新治法。

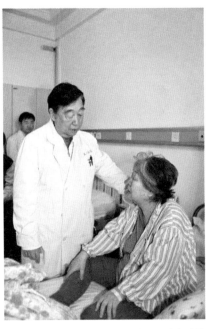

王永炎院士指出，血瘀是中风病最重要的致病因素，临床治疗中风病，未有不治瘀者。尤其是缺血性中风病或进入恢复期的中风病血瘀证表现得尤为突出。由于脑内络脉纵横交错，网络如织，网细致微，因而，任何原因导致的血瘀一旦殃及于此，影响元神之用，危害无穷。当然，除脑之络脉外，其他各处的络脉也是血瘀的好发部位，由于瘀血阻络，气血不畅或不通，局部与络脉

图 2-79 王永炎院士查房询问患者病情

相连属部位的脏腑组织器官缺少血液的濡养，导致相应的功能失常。病在于脑，则神明失用，神窍失聪；病在肢体，则肢体不用，动作不能。所以，在治疗时应积极地从络论治，运用相应的活血化瘀药物。同时，瘀滞于络多与他邪相结，再者中风病病程较长，往往新瘀日久成久瘀，久瘀阻滞又生新瘀，新瘀旧瘀缠结，可形成顽瘀之证。因而，王永炎院士非常推崇活血化瘀的治法。

在临床治疗脑病的过程中，他强调一定要针对病机和病情精准用药。他将传统的活血化瘀治法进行了细化，指出针对血瘀证的不同程度，可具体分为调气活血、活血祛瘀、化瘀通络三法，这三法分别具有各自不同层次的作用。调气活血法主要适用于血气不和者，大多病程较短、病情较轻，宜在活血的基础上，配合调气治法，根据患者伴随症状或体征，分别采用理气活血法、益气活血法、化痰活血法、温经活血法等，使气行则血行。活血祛瘀法主要适用于血聚成瘀者，病程相对较长、病情较重，这一治法常配伍使用破血消癥的虫类药物，作用较为峻猛，因此在应用时，又根据病情轻重与病位深浅，分为化瘀、散瘀、破瘀三个层次；化瘀，主要用于经脉瘀阻病证，代表药物如地龙、水蛭等；散瘀，主要用于脏腑瘀血瘕聚病证，常用大黄、硫黄、雄黄之类；破瘀，主要用于脏腑瘀血癥积病证，代表药如干漆等。化瘀通络法则主要用于血瘀络脉，病程更久、病情缠绵反复者，这一治法来源于叶天士的络病理论。王永炎院士结合脑病临床创造性地提出了"毒损脑络"的学说，指出脑病尤其是中风病患者，常可产生瘀毒、热毒、痰毒等毒邪，毒邪可破坏形体，损伤脑络，并据此制定了化瘀解毒通络、清热解毒通络、化痰解毒通络等一系列治法。极大地丰富了活血化瘀治法的内涵，促进了这一治法在脑病临床的应用。

除活血化瘀法之外，王永炎院士还根据脑卒中的具体病机，提出化痰通腑这一治法，作为活血化瘀治法的补充。王永炎院士根据《素问·通评虚实论》中关于中风病的论述"凡治消瘅、仆击、偏枯、痿厥，气满发逆，肥贵人则高粱之疾也""头痛耳鸣，九窍不利，肠胃之所生也"，从现代中医临床实际出发，提出中风病是在气血内虚的基础上，因劳倦内伤、忧思恼怒、嗜食膏粱厚味及烟酒诱因，引起脏腑阴阳失调，气血逆乱，直冲犯脑，导致脑脉痹阻或血溢脑脉之病。同时，他发现中风病患者急性期往往存在显著的痰热阻滞病机，因而，根据《黄帝内经》的论断，提出以攻下肠胃腑实之法进行治疗，并拟定了新方——星蒌承气汤。该方由胆南星、全瓜蒌、生大黄、芒硝组成，临床适用于中风病痰热腑实证，对于改善患者意识状态，缓解病情加重的趋势和减轻偏瘫的病损程度，具有显著效果。现代研究也发现，该方能改善患者的新陈代谢，稳定血压，排除毒素，增加胃肠蠕动，调节自主神经功能紊乱，缓解机体应激状态，降低颅内压，缓解中风急性期脑水肿，改善脑循环等。大量的临床数据显示，该方在中风急性期脑水肿中如能运用得当，往往能够成为病情转归的决定性因素。

中医脑病是一门古老而年轻的学科，虽然早在 2000 多年前的《黄帝内经》中就有关于脑和脑病的论述，但是长期以来，脑病都没有成为独立的学科体系，是因为诸多在今天看来属于大脑的疾病，传统中医都将其归入"心系疾病"的范畴。20 世纪 70 年代，北京中医学院附属医院内科成立脑病专科，1983 年召开中风病证治规范研讨会，并组建中风病专业委员会，推举王永炎为首届主任委员，同时成立全国中风病急症协作组。经过 30 多年的发展，中医脑病学科逐渐从中医内科学中分化出来，成为独立的三级学科。2007 年，王永炎与张伯礼两位院士共同主编了《中医脑病学》，这本书的出版标志着中医脑病学理论与临床都逐渐形成了完整的学科体系，极大推动了中医脑病学，乃至整个中医学的发展。

3. 吴以岭院士与中医络病学

络病学是研究中医络病学说及其临床运用的临床学科。络病学说是研究络病发生发展与诊断治疗规律的应用理论。络病是广泛存在于多种内伤疑难杂病和外感重症中的病理状态。深入研究络病并形成系统完整的络病理论体系，对提高现代多种难治性疾病的临床疗效具有独特的学术价值和临床指导意义。

络病学说发展史上有三个里程碑。《黄帝内经》对络脉生理、病理及治疗做了初步论述，是第一个里程碑；东汉时期，医圣张仲景的《伤寒杂病论》把经络学说应用于外感热性病，建立六经辨证，并创立了旋覆花汤、大黄䗪虫丸、鳖甲煎丸等络病治疗名方，络病证治微露端倪，是第二个里程碑；清代叶天士将络病理论应用于外感温热病，建立卫气营血辨证，提出"久病入络""久痛入络"，发展了络病治法并把通络药物广泛应用于疼痛、中风、痹证等内伤杂病的治疗，是第三个里程碑。但是后来，络病学说并没有受到充分重视，以至于清代名医喻嘉言大声疾呼："十二经脉，前贤论之详矣，而络脉则未之及，亦缺典也。"叶天士也痛陈"遍阅医药，未尝说及络病""医不知络脉治法，所谓愈究愈穷矣"。可惜的是，叶天士身后二百余年来，关于络病学说虽不乏善陈，屡有验案，但未被系统深入研究，亦未形成完整的理论体系，成为留给当代医学工作者的重大历史课题。

1979 年，吴以岭考取了南京中医药大学第一届硕士研究生班，从此便开始了络病学说的研究之旅。经过 40 多年的潜心研究，在络病学说理论创新和转化应用研究领域取得了重大成果，创立了"理论－临床－科研－教学－产

业"五位一体的中医药发展新模式，首次系统构建了络病理论体系，主编专
著《络病学》《脉络论》《气络论》，建立"络病证治"及络病理论的两大分
支——指导脉络病变防治的脉络学说和指导神经、内分泌、免疫系统疾病防
治的气络学说，开辟了临床重大疾病的防治新途径。创建的中医络病学新学
科，被评为国家中医药管理局重点学科和优势学科，"中医络病诊疗方法"被
列为国家级非物质文化遗产。依托国家"863"、"973"等国家级重大课题及
省部级课题开展深入研究，研制出十余个国家专利新药，涉及流行性感冒、
冠心病、心律失常、心力衰竭、糖尿病、肿瘤等呼吸系统、循环系统、内分
泌系统、免疫系统、泌尿系统等多个系统的重大疾病，显著的临床疗效和扎
实的基础研究证据获得国际医学界高度关注和肯定，多次列入医保基本药物
目录、权威指南／共识。络病理论系列研究成果先后获得国家科技进步奖一等
奖 1 项、国家科技进步奖二等奖 4 项、国家技术发明奖二等奖 1 项及多项省
部级奖励。新时代的络病学研究成就被誉为络病学说发展史上的第四座里程
碑，是中医药"传承精华，守正创新"发展模式的典范，是通过理论创新解
决临床实际问题的标杆，对于新时代中医药发展具有重要的示范引领作用。

心脑血管疾病等
重大疾病严重危害人
类健康。吴以岭院士
将络病学说应用到心
脑血管疾病防治领域，
开展了一系列研究。
他强调，冠心病心绞
痛的基本病机为本虚

图 2-80 吴以岭院士在工作中

标实。心气亏虚，络脉失煦，血流涩滞，久则络脉瘀阻，脉失温煦而虚风内动，络脉绌急，前者与西医学冠状动脉硬化类似，后者则与冠状动脉痉挛吻合，而其始动因素则与血管内皮功能障碍有关。研究表明，络脉瘀阻反映了血液的黏稠凝聚状态，络脉绌急反映了血管内皮功能障碍引起的动脉硬化和血清一氧化氮减低、血浆内皮素增高引起的血管痉挛。络病与血管内皮功能障碍有内在一致性，与心脑血管疾病具有高度相关性。在这一理论的指导下，吴以岭院士团队深入探讨冠心病的中医病理机制和治疗，选用大补元气的人参和善入络的虫类药为主制成中药通心络胶囊以益气通络、解痉止痛，全方组合既治络脉瘀阻即冠状动脉硬化，又能缓解络脉绌急之冠状动脉痉挛，所用药物皆为入络之药，对络脉病变有良好的调整作用，可改善和维护血管内皮功能障碍。同时与中国医学科学院阜外医院合作进行通心络的疗效研究。研究结果发现：通心络胶囊治疗冠心病心绞痛总有效率达 96.49%。它的突出特点是：对反复发作难以控制的顽固性心绞痛疗效特别显著，可逐渐减少或停用硝酸甘油类药物，改善心肌缺血的状态，纠正心电图的缺血性改变，改善率达 71.05%；同时，又能纠正心律失常，缓解胸闷胸痛、心慌气短、乏力汗出等症状。此外，还发现通心络胶囊对于脑血栓及其后遗症也具有良好的改善作用，可促进半身不遂、语言不利、口舌歪斜、肢体麻木等后遗症的康复，总有效率达 91.03%。进一步证实了通心络对冠心病的治疗有显著的疗效，可有效治疗冠心病心绞痛，并可拓展用于治疗脑血栓属于气虚血瘀证者。2000 年，"通心络胶囊治疗冠心病的研究"以"重大理论处方原创研究"获得 2000 年度国家科技进步奖二等奖。在虫类药应用方面的创新，"虫类药超微粉碎（微米）技术及应用"还获得 2006 年度国家技术发明奖二等奖。此外，吴以岭院士团队还将络病理论用于指导其他心脑血管疾病，如心律失常、慢性心力衰竭、脑卒中等疾病，针对心律失常"络虚不荣"的中医病机特点，基于叶天士"络虚通补"之论，总结出"温清补通"组方规律及"快慢兼治、整合调节"的治疗策略，研制出参松养心胶囊。"参松养心胶囊治疗心律失常应用研究"获 2009 年度国家科技进步奖二等奖。针对慢性心力衰竭气血水互患导致络脉成积的病机特点，提出"气血水同治分消"的治方遣药原则，研制出芪苈强心胶囊。"中药芪苈强心胶囊治疗慢性心力衰竭研究"获得 2014 年度中华中医药学会科技进步奖一等奖。

随着研究的深入，越来越多的研究证明微血管病变是心脑血管病临床疗效难以提高的关键因素。围绕医药卫生领域微血管病变的国际难题，吴以岭院士带领团队历时十余年，依托两项国家"973"计划项目——分别从理论（系统构建脉络学说）、机制（通络药物治疗微血管病变系列机制）、临床（循证医学研究解决临床重大难题）三个方面开展研究并取得重大突破。研究项目"中医脉络学说构建及其指导微血管病变防治研究"获得 2019 年度

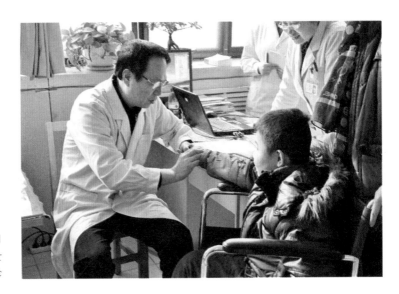

图 2-81
吴以岭院士
在临床看诊

国家科技进步奖一等奖，也是该年度医药卫生领域唯一一项一等奖。该项目在传承前人论述基础上，首次系统构建脉络学说，形成指导血管病变防治的新理论。研究领域包括胸痹、中风、心悸、脱疽等，涵盖心律失常、慢性心衰、周围血管病等重大心脑血管疾病；提出"孙络－微血管"既有循环系统共性，又有心、脑、肾等脏器功能结构特殊性，"孙络－微血管"成为中西医结合研究微血管病变理论结合点；提出脉络核心内容——营卫理论，突出营卫以气血之体，作流通之用，揭示脉络病变的生理、病理、传变、治疗不同阶段的内在规律；提出营卫"由络以通、交会生化"指导微血管病变防治研究，指出营卫之气在"孙络－微血管"处交汇、聚集、化生，产生气、血、津、液、精相互转化的物质与能量代谢，这与西医学"微循环直接参与组织、细胞的物质、信息、能量传递"的认识相吻合，对于指导微血管病变防治具有重要意义；建立"脉络－血管系统病"辨证标准，揭示血管病变共性发病机制；提出"调营卫气血"治疗用药规律，与《难经》"损其心者，调其营卫"治则一脉相承。国家"973"计划专家组评价："脉络学说营卫理

图 2-82
吴以岭院士获得2019 年度国家科技进步奖一等奖

论形成了指导微血管病变性重大疾病防治的新理论，属于中医药学术研究的原创成果。"

采用国际公认的循证医学研究方法解决四大临床难题，通心络胶囊治疗急性心梗无再流，缩小心梗面积，改善心功能，疗效提高 20%，在解决国际心血管界这一难题方面取得重大进展；参松养心胶囊治疗室性早搏伴心功能不全，减少室性早搏的同时改善心功能，为这一国际临床难题提供新的治疗药物；参松养心胶囊治疗窦性心动过缓伴室性早搏，在减少早搏的同时提高心室率，填补了快慢兼治、整合调律药物治疗的空白；在西医国际标准化治疗上加用芪苈强心胶囊提高临床疗效 16%，减少复合终点事件发生率。该研究发表在国际循环顶尖杂志——《美国心脏病学会杂志（JACC）》。《新英格兰杂志》副主编安东尼教授评价："芪苈强心胶囊临床研究非常令人振奋……取得了非常鼓舞人心的结果。"

通心络胶囊、参松养心胶囊、芪苈强心胶囊现均已列入国家基本药物目录、国家医保目录（甲类）及国家卫生健康委员会、中华医学会等发布的多项权威指南、共识、教材中，受益患者亦给予了高度评价。

吴以岭院士遵循中医药自身发展规律，通过中医理论创新指导心脑血管病等临床重大疾病的防治及其机制研究方面取得了一系列重大突破。"创立的'理论＋临床＋新药＋实验＋循证'一体化的中医学术创新与转化新模式，是中医传统理论创新与现代科学技术相结合产生的重大原创成果，为中医药传承与创新发展做出了示范。

大师风采·吴以岭

从郭士魁教授简陋的诊室，到人民大会堂国家科学技术奖励大会的现场；从一把草药、一碗药汤，到通心络胶囊、参松养心胶囊等药物进入医保目录；以陈可冀、王永炎、吴以岭等院士团队为代表的中医人不懈努力，刻苦攻关，守正创新，以活血化瘀为切入点，深入研究心脑血管疾病的中医药治疗，他们开创新理论，探索新方法，研制新方药，不断提高治疗心脑血管疾病的疗效，为守护人民群众的健康，为继承发展中医药学术，做出了杰出的贡献，谱写着新时期活血化瘀理论的新篇章。

（二）扶正祛邪治肺癌

恶性肿瘤是当今危害人类健康最主要的一类疾病。2015年，恶性肿瘤跃居中国城乡居民死亡原因首位，远超心脏病及脑血管疾病。2020年，根据 WHO 下属的国际癌症研究机构（IARC）在《CA: A Cancer Journal for Clinicians》杂志发布的全球癌症负担状况最新估计报告显示，世界癌症形势同样严峻，随着人口的老龄化，全球的癌症发病数和死亡数也正在快速增长。癌症将成为 21 世纪死亡的首要原因，且将是世界各国提高预期寿命的最重要障碍。

肺癌，在全球范围内都是发病率和致死率最高的恶性肿瘤之一，每年约 200 万新发病例和 170 万的死亡病例。在中国，肺癌每年约有 70 万的新发病例和 60 万的死亡病例，居恶性肿瘤首位。肺癌在临床上分为两大类，小细胞肺癌（small cell lung cancer，SCLC）和非小细胞肺癌（non-small cell lung cancer，NSCLC）。其中大约 85% 的肺癌被诊断为非小细胞肺癌，最常见的两种亚型包括肺腺癌（lung adenocarcinoma，LUAD）和肺鳞状细胞癌（lung squmous cell carcinoma，LUSC）。相比于小细胞肺癌，非小细胞肺癌癌细胞分裂生长更慢，具有转移及扩散较晚的特点。肺癌的早期症状多为低热、咳嗽，不易被发现。一旦确诊时已普遍处于局部晚期或者晚期，表现为体重下降、咯血、呼吸困难等。往往失去了行根治性手术切除的机会，预后较差，平均 5 年生存率低于 10%，严重威胁患者的生命。

在多数人的心目中，癌症往往意味着不治之症，因而给患者造成了沉重的精神压力，也对家庭和社会造成了沉重的负担。目前，对于恶性肿瘤的治疗，主要采取手术、化疗、放疗，以及内分泌、分子靶向、免疫等药物治疗。中医药因其在提高患者生存质量、延长生存率等方面的独特优势，日益受到肿瘤界的广泛认可和重视。

1. 刘嘉湘与扶正法治癌

1956 年，刘嘉湘考入上海中医学院（现上海中医药大学）六年制中医学专业。当他还在读大四时，由于品学兼优成绩突出被选中，拜名医张伯臾为师。白天跟师抄方，晚上整理病证、脉案、方药，查找资料，整理侍诊的体会。老师的临床经验常常令他惊叹，激发起了他对中医药治疗肿瘤的浓厚兴趣。例如，治疗胃癌患者时，老师加用一味草药"木馒头"，患者果真好转了。多年后，刘嘉湘在实验室验证了当年老师用药的机理，发现确实有效。此外，刘嘉湘还长期跟随临床大家黄文东、顾伯华等学习治疗内外科杂病的学术思想，并随诊庞泮池，学习其辨证治疗妇科及肿瘤的经验。这些临床大家对刘嘉湘的医学道路产生了深远影响。

现代中医学对肿瘤的研究始于 20 世纪 50 年代，当时中医治癌以"攻"为主，常用以毒攻毒、活血化瘀等法，疗效并不理想。那么，中医肿瘤治疗到底是以攻瘤为主，还是以人为

图 2-83 刘嘉湘教授在门诊

本？带着这些疑问，刘嘉湘慢慢走上了探索中医药治癌的艰辛道路。

1965 年起，刘嘉湘开始从事中医药及中西医结合治疗肿瘤的临床研究工作。"当时有很多患者来我们医院看病，我要从早上 8 点看到晚上 9 点多，中药房天天加班。"刘嘉湘回忆，面对这些将被癌症夺去的生命，他想尽一切方法提高疗效。"这是扶正治癌体系产生的最主要动力"，刘嘉湘说。他不断思考恶性肿瘤治疗中存在的问题。通过博览历代医籍，查阅大量近代文献，他把和肿瘤病因、病机、症状相关的描述、治疗方法一一记录下来。他重新整理当年跟师张伯臾、陈耀堂、庞泮池等人的经验笔记，虚心向患者收集治癌单方验方，并结合自身临床经验，分析了两千余例肿瘤患者的临床资料，认为正气虚损是肿瘤发生发展的根本原因和病机演变的关键。在此基础上，他根据传统的"扶正"理论，开展了对"扶正治癌"理论的探索。

1968 年，上海中医学院成立肿瘤研究组，刘嘉湘担任组长。他与基础部几位教师一起，用了两年时间对 50 味中草药进行了实验动物肿瘤抑瘤作用的筛选工作，从中寻找能够有效抗肿瘤的中草药，以提高当时中药治疗肿瘤的临床疗效。

1971 年，刘嘉湘整理出自己治疗的 108 例晚期肺癌患者病案。分析发现，经中医辨证论治治疗后近期有效率为 56.5%，存活 1 年以上患者有 39 例；而用肺五方（活血化痰解毒方）治疗的 18 例患者却无一例存活超过 1 年。此项临床研究为他的学术思想奠定了基础，使他更加坚信中医治癌应以辨证论治为原则，扶正为主，兼顾祛邪。

1972 年，在全国肿瘤免疫工作会议上，刘嘉湘做了题为《中医扶正法在肿瘤治疗中的应用》的报告，获得很高评价。这是国内首次系统提出中医扶正法治疗癌症的学术观点和方法，受到与会专家的肯定和重视，并得到免疫学领域权威专家谢少文先生的好评。刘嘉湘提出的中医扶正法治癌学术思想，重视"以人为本"，突出辨证与辨病相结合，通过合理使用扶正与祛邪法则，达到"除瘤存人"或"人瘤共存"的目的，开创了中医药治疗恶性肿瘤的新思路、新方法。

中医学重视人体的正气。早在《黄帝内经》中就提出疾病产生的根本原因是正虚，"正气存内，邪不可干""邪之所凑，其气必虚"。如果人体正气不足，邪气可乘虚入侵，使人体阴阳失调，脏腑经络生理功能紊乱，导致疾病的发生。

对于恶性肿瘤来说更是如此。如果人体的正气亏损，六淫之邪入侵，机体抗邪无力，不能制止邪毒，就会形成瘀血、痰湿等病理产物，并成为肿瘤的病理基础。明代的《医宗必读》曰："积之成也，正气不足，而后邪气踞之。"清代的《外证医案汇编》明确指出"正气虚则成岩"。明确指出各种邪气，无论是风、寒、暑、湿、燥、火四时不正之六淫邪气，还是内伤七情、饮食、劳逸，以及痰饮、瘀血等各种病理因素的损伤，只有通过正虚这一内因才能引起肿瘤的发生。因此，恶性肿瘤的发生、发展，主要是由于正气虚损、阴阳失衡、脏腑功能失调，留滞客邪（致病因子）以致气滞血瘀、痰凝毒聚相互胶结，蕴郁成肿块。癌瘤的生长又会进一步耗伤正气，正不遏邪则又助长了癌瘤的发展。总体来说，癌肿的发生与发展是一个邪正相争的过程，正气亏虚为肿瘤发生之本。

刘嘉湘认为，热毒痰瘀是病之标。各种病理因素，如热毒、痰凝、瘀血、气滞等，一旦破坏机体相对的阴阳平衡，使脏腑、气血津液的功能失调，就会产生全身或局部的病理变化，引起肿瘤的发生。热毒，多由外邪侵袭机体而产生。广义上讲，热毒包括职业环境中的化学毒素，生活环境中空气、水、土壤污染产生的毒素，病毒、烟草、油烟产生的毒素，饮食中的各种毒素等；或痰湿瘀血等病理产物，久积体内，经络脏腑气机阻碍，郁而生热，热由毒生。"毒"是致病之因，"热"是毒聚之果，热与毒互结，内蓄于脏腑经络而成癌肿。痰的产生，无论是外感六淫，还是内伤七情，饮食劳倦等，都与肺、脾、肾等脏腑密切相关。肺、脾、肾三脏功能失常，水液代谢障碍，津液不能输布，水湿不化，停滞而成痰；或为邪热烁津，凝结成痰。痰之已成，留于体内，随气升降，无处不到，阻于脏腑，流窜经络，变生诸证。《丹溪心法》云："凡人身上、中、下有块者，多是痰。""痰之为物，随气升降，无处不到。"恶性肿瘤不但多表现为局部肿块，而且有四处走窜的特点，与痰的特性十分吻合。痰凝一证临床常与瘀血同时存在。瘀血，是指血液运行迟缓和不通畅的病理状态。血瘀的成因有多方面，或气滞血瘀，或气虚血瘀，或寒凝血滞，或邪热煎熬，或外伤致瘀等。因瘀血而致的癌肿其病机主要为血瘀气滞，不通则痛，瘀血积聚，发为肿块。此外，情志不舒，或因痰、湿、食积、瘀血等阻碍气机，引起气滞，也可发生于肿瘤的各个阶段。

在"正气虚乃肿瘤之本，热毒痰瘀是病之标"的理论指引下，刘嘉湘教授在治疗上强调以扶正培本为主，坚持辨证与辨病、扶正与祛邪相结合、整体与局部相结合。治疗肺癌、胃癌、肝癌、肠癌、恶性淋巴瘤、妇科肿瘤、泌尿系统肿瘤等多种恶性肿瘤，取得了令人满意的疗效，并在此基础上形成了一整套中医药治疗恶性肿瘤的经验，特别是肺癌的治疗。他认为，肺癌是由于正气先虚，邪毒乘虚而入，肺宣降失司，气机不畅，气滞血瘀，阻塞络脉，津液输布不利，壅结为痰，痰瘀交阻，从而形成肿块。肺癌是全身性疾病，而肺部的肿瘤只是全身的一个局部表现，因虚得病，因虚致实。肺癌的虚，以阴虚、气阴两虚多见；实则不外乎气滞、血瘀、痰凝、毒聚。肺癌病位在肺，与脾、肾密切相关。中医药治疗可以促进手术后的恢复，缓解胸痛、咳嗽、气急、全身乏力、纳差、虚汗、大便秘结等症状，使元气尽快恢复，为下一步治疗做准备。中医药辅助放、化疗能够明显提高疗效，减轻毒副反应，降低肺癌术后的复发、转移，减少晚期肺癌引起的多种并发症，如恶性胸水、骨转移、脑转移等。中西医结合治疗能够显著提高患者的生活质量，延长患者的生存期。

在上海中医药大学附属龙华医院，由刘嘉湘教授领衔的国家中医临床研究基地恶性肿瘤攻关项目的阶段性成果中显示，针对中晚期非小细胞肺癌，相比西医化疗，中医综合治疗的患者中位生存期延长了5个多月。同时，晚期肺腺癌治后5年生存率达到24.22%，为国内领先、国际先进水平。

图 2-84 刘嘉湘教授和团队成员

刘嘉湘教授以"扶正治癌"思想为指导，通过临床研究开发了蟾酥膏、金复康口服液、芪天扶正胶囊（原名：正德康胶囊）3种国家级抗肿瘤新药，为恶性肿瘤患者带来了福音。

20 世纪 80 年代，刘嘉湘根据中医"瘀毒内结""不通则痛"的理论，认为癌性疼痛是由于邪毒内蓄，导致气滞血瘀、痰湿胶结而成。随着肿瘤的增大和邪毒的浸淫可以导致气机不畅，血行瘀滞，经络壅阻，不通则痛。因而决定研制外用镇痛膏药——蟾酥膏。蟾酥膏由蟾酥、生川乌、七叶一枝花、红花、莪术、冰片等 20 余种中药组成，经加工制成中药外用镇痛膏，具有清热解毒、软坚散结、行气止痛的作用。经过 10 家医院对 332 例癌症疼痛患者的随机双盲对照观察，镇痛效果达 92.65%，连续使用无成瘾性和毒副反应，是一种具有中医特色的治疗癌性疼痛的新型外用镇痛药，为国内首创。

同时，刘嘉湘教授根据肺癌患者"耗气伤阴"的特点，研制出金复康口服液。肺癌患者正气虚损，阴阳失衡，邪毒乘虚而入，邪滞于肺，郁久化热，易耗气伤阴。肺癌患者中以阴虚和气阴两虚证为多数，约占肺癌总数的 78% 左右。刘嘉湘教授经临床及药效学试验，精选出益气养阴、补肾培本等扶正为主的中药，佐以清热解毒功用的中药，制成金复康口服液。主要药物包括黄芪、北沙参、天门冬、麦门冬、女贞子、绞股蓝、淫羊藿、山茱

图 2-85　2017 年 6 月 29 日，人力资源和社会保障部、国家卫生计生委和国家中医药管理局授予刘嘉湘"国医大师"荣誉称号

莪、石见穿、石上柏、重楼等。药理学研究发现，金复康口服液可以通过抑制肿瘤细胞增殖，诱导肿瘤细胞凋亡，抑制癌基因蛋白表达、癌细胞黏附及浸润转移能力，调节免疫系统功能等，稳定和缩小非小细胞肺癌病灶，达到治疗肺癌的作用。1999 年，金复康口服液获国家药品监督管理局批准生产。它也是国内首个被列入国家基本药物目录和国家医疗保险目录的口服治疗肺癌的中成药，现已在美国完成了 Ⅱ 期临床研究。

芪天扶正胶囊由黄芪、百合、女贞子、北沙参、天门冬、山茱萸（酒制）、胡芦巴、陈皮组成，具有益气滋阴、补肾培本的功效，适用于肺癌等中晚期癌症气阴亏虚证患者。研究发现，芪天扶正胶囊不但能改善肿瘤患者的临床症状，提高机体免疫功能和患者生活质量，保护和改善外周血象，还能够降低化疗引起的毒副反应，缩小并稳定肿瘤病灶，提高化疗效果。

刘嘉湘教授先后 5 次主持国家科技攻关项目，治疗晚期肺癌疗效达国内领先、国际先进水平。揭示扶正治癌具有调控免疫和抑制肿瘤生长的双重作用，已成为中医及中西医结合的主要治法。"带瘤生存"成为晚期肿瘤治疗的共识。如今龙华医院肿瘤科作为全国首个中医肿瘤医疗中心，已建成国家中医临床研究基地。刘嘉湘在肺癌方面的研究成果荣获卫生部重大科技成果奖甲等奖、上海市重大科技成果奖各 1 项，省部级科技奖二等奖 6 项，上海市医学领域最高奖"医学荣誉奖"。2017 年，刘嘉湘荣获第三届"国医大师"称号。他树立了中医"扶正固本"治疗癌症的标杆，走出了一条中医治疗癌症的创新之路。

2. 林洪生与固本清源法

无独有偶，中国中医科学院广安门医院肿瘤科林洪生教授在治疗恶性肿瘤时也重视扶正的作用。

自 1976 年以来，林洪生教授致力于开展扶正培本治则在肿瘤防治方面的研究，积极探索扶正中药防治肺癌的作用机制，开展中医综合治疗防治非小细胞肺癌的系列循证医学研究工作，形成了病证结合的肺癌综合治疗方案。

林洪生教授师从我国中西医结合治疗肿瘤的泰斗余桂清主任。余桂清主任早在六七十年代，即致力于消化道肿瘤扶正固本治则的临床及实验研究。以肾为先天之本、五脏之根，脾为后天之本、气血生化之源为理论依据，根据多年临床辨证用药经验，经对比验证筛选，创立脾肾方。以四君子汤加减，同时不忘针对癌邪的治疗。

林洪生教授继承了余主任扶正祛邪的肿瘤治疗核心思想，并创造性地提出固本澄源治疗肿瘤的学术观点。唐代魏征曾说过："求木之长者，必固其根本；欲茂之远者，必澄其源泉。"就是说要想使树木生长得茂盛，必须稳固它的根部，因为根深方能叶茂；要想水流潺潺，经久不息，必须疏通它的源头，源远才能流长。林洪生通过对先贤及近代医家对肿瘤认识及治疗方面的学习，发现治国理论与肿瘤的治疗如出一辙，均需要遵循"固本清源"的基本思想。

固本清源治疗肿瘤具有狭义和广义两种含义。狭义的固本清源，"固本"即"扶正固本"，是中医药治疗肿瘤的基本治则，实际上就是通过对肿瘤患者阴阳气血的补益与调节，改善肿瘤患者的虚证状态，从而达到防治肿瘤的目的。它不仅指"虚者补之"，更包括《黄帝内经》中提及的"燥者润之""衰者补之""精不足者，补之以味""形不足者，温之以气""劳者温之""下者举之"等。"清源"即"祛邪清源"。由于恶性肿瘤的特殊临床特点，在不同阶段，单纯的扶正无法有效控制痰、湿、瘀、毒的化生，会使"癌毒"进一步流注播散，影响预后。因此，尽管扶正固本是肿瘤治疗的根本，但在不同阶段用药时应当分清矛盾主次，邪实即当清源。清源不单指常规之清除癌毒的"清热解毒"，还应包括清肠利湿、软坚散结、搜风通络、活血化瘀等不同治法。

而广义的固本清源区别于扶正祛邪的传统理论，着重强调在肿瘤治疗中固本与清源非单独应用，两者之间存在着相互依存、相互促进、互根互用的辩证关系。祛邪的含义除了中医药传统观念所说的"解毒祛瘀"外，也包括西医学的主要治疗手段，如手术、放疗、化疗、靶向治疗等，其治疗的核心观念是尽可能地清除患者肿瘤负荷。林洪生教授对肿瘤的治疗强调，清源不是单纯祛邪，固本培元应成为贯穿肿瘤治疗的主线，固本亦为清源；而在邪实正不衰时，灵活应用祛邪法消除癌毒邪实，不致邪实伤正，可从另一方面促进固本。

在临床治疗中，林洪生教授注重中西医结合，分期分阶段治疗。手术前宜健脾和胃、气血双补为主，以保证机体在手术时处于最佳平衡状态；手术后应以益气、活血辨证调补，以加快患者的恢复，提高免疫功能；化疗期间宜补气养血、健脾和胃、滋补肝肾为主，以降低化疗所产生的毒性，提高化疗的完成率和疗效；放疗期间宜养阴生津、活血解毒、凉补气血为主，以减少放疗毒性，提高放疗的完成率和疗效；肿瘤缓解期或稳定期宜益气、解毒、活血为主结合辨证论治，以提高机体免疫功能，抑制肿瘤发展。不适宜手术、放化疗的晚期肿瘤患者宜益气养血、解毒散结结合辨证论治，以抑制肿瘤生长，减轻症状，提高生存质量，延长生存时间。

自2000年开始，在科技部、自然基金委和国家中医药管理局的支持下，由林洪生教授所在的中国中医科学院广安门医院肿瘤科牵头，数十家单位协作进行了多项中医药防治非小细胞肺癌的循证医学研究。研究采用多中心、大样本、随机对照、部分双盲的临床试验方法，初步证明对非小细胞肺癌切除术后患者，采用扶正培本为主的中药治疗，可以明显改善患者临床症状，提高患者卡氏评分，增加患者体重，改善术后患者生存质量状况，调节患者 NK 细胞及 T 细胞亚群，延长患者 1 年及 2 年生存率，并有减少患者复发与转移的趋势。经安全性分析发现，扶正固本中药无严重的不良反应，不会给患者带来风险。

图 2-86　林洪生教授在实验室工作

此外，林洪生教授还完成了《WHO 西太区中医药防治肺癌诊疗指南》，先后出版《恶性肿瘤中医诊疗指南》《肿瘤中成药临床应用手册》，为中西医结合肿瘤治疗的规范化、标准化提供了可以参照的标准。作为中医肿瘤新药研究的先驱者和倡导者，林洪生先后完成了 40 多项中药新药临床试验，累积了近 2 万例的肿瘤科研病例，形成中医药治疗肿瘤的新药开发平台和海量数据库，开创了国内外抗肿瘤中药新药开发的新局面。2016 年由她牵头完成的"中医治疗非小细胞肺癌体系的创建与应用"项目获国家科技进步奖二等奖。

（三）糖尿病治疗的中国方案

糖尿病是现今我国发病率最高的疾病之一。有研究显示，2018 年，我国糖尿病患病率已高达 11.2%，且发病率还将持续升高。糖尿病一般可分为 1 型和 2 型，日常生活中超过 95% 的患者为 2 型糖尿病。典型的 2 型糖尿病患者常表现为多饮、多食、多尿及体重减轻，俗称"三多一少"，和中医古籍所载之"消渴病"非常相似，故在中医界一般将消渴作为糖尿病的中医病名，其主要病机为阴津亏损，燥热偏盛，阴虚为本，燥热为标。该病可分为上中下三消辨证，治疗上常用消渴方、七味白术散、玉女煎、六味地黄丸等清热润燥、养阴生津之药。传统中医疗法在改善患者"三多一少"症状及防治并发症方面有明显效果，但是最被患者及临床医生关心的血糖问题却难以靠单纯吃中药降下来或者见效较慢，这已经成为业界公认的难题。

在糖尿病初期一般不会出现明显的血糖升高症状。但随着病情的进一步发展，在持续性高血糖的影响下，患者的血管、神经等均会出现损害，进而影响肾脏、眼、下肢等靶器官，形成糖尿病肾病、糖尿病眼病及糖尿病足等，再进一步发展会出现致残、致盲乃至致死。故在疾病早期及时干预高血糖，在中后期尽量减缓慢性并发症的出现，是现今治疗糖尿病的指导思想。

中医药治疗糖尿病已经有上千年的历史，自《素问·奇病论》首载消渴之名，到张仲景在《金匮要略》中立消渴病专篇，经历代医家传承发展形成了完整的理法方药体系，当代中医人更在继承发扬基础上传承创新，不断攻克难题，在糖尿病治疗方面取得了新的重大进展。来自古老中医学的智慧正在指导构建逐步完善的糖尿病治疗的中国方案。

1. 守正创新，构建糖尿病中医药诊疗新体系

8 月的北京骄阳似火，楼道里拥挤的人群夹杂着焦急的情绪，使得本就不够宽敞的广安门医院内分泌科专家门诊显得更加闷热。诊室门口的老王是

图 2-87　仝小林院士

个急性子，57 岁的他已经患糖尿病 4 年多了，自从 2 个月前发现有高血压后他的性子似乎更急了，不断地望向诊室里的仝小林教授，希望时间能过得快一点，好让他能尽快就诊，毕竟这个特需号是打了好多次电话才抢到的。

现在让我们先回顾下老王的病情：男，57 岁，发现血糖升高 4 年余，糖化血红蛋白 7.2%，空腹血糖 9.07mmol/L，每天服用格列吡嗪 3 片至今。既往史：高血压发现 2 月余，服厄贝沙坦和倍他乐克。现症状：口干渴，多饮，时有胸闷不适，略有畏寒，眠差，早醒，多梦，大便黏，日 3～4 行，饮纳可，小便可。虽然近些年糖尿病的治疗方案已经很成熟，但像老王这种有多种代谢性疾病缠身，且血糖控制不佳的患者在临床上并不少见。

在经历了数小时的等待后老王终于如愿坐在了仝小林教授对面，得以近距离接触这位以中医药治疗糖尿病而蜚声海内外的著名专家。经过详细的望闻问切后，仝小林很快就开好了处方：葛根 24g，黄芩 9g，黄连 9g，炙甘草 6g，干姜 1.5g，炒酸枣仁 30g，生薏苡仁 30g。老王在来医院之前在网上查了很多仝小林的资料，对他的诊病特点也多有耳闻，但在拿到此方后却甚是不解，特返回询问仝小林教授："您素有'仝黄连'之称，强调重剂起沉疴，为何方子里黄连只有 9g，能治好我的病吗？"仝小林教授微笑回答："证量相应。"

服了 28 剂药后，老王反馈：现在睡眠、饮食都正常了，心慌消失，口干较前缓解，视物模糊，大便日 3 次，空腹血糖 6.2mmol/L，糖化血红蛋白 6.1%，血压控制稳定，停用倍他乐克。

在仝小林的门诊，像老王这样的患者很多，经常有人强调自己的血糖一直降不下来，希望接受中医诊疗。但是，近半个世纪以来，中医药独立降糖是业界公认的难题，故中药治疗糖尿病一直处于辅助地位。仝小林带领团队历经 20 余年临床诊疗实践，通过摸索、验证，构建了完整的糖尿病中医诊疗体系，突破了中药独立降糖难题，明确了中药降糖、减重、降脂等综合治疗作用，为糖尿病治疗提供了新选择。

仝小林教授于 1956 年出生在吉林。1978 年，恢复高考，仝小林报考了白求恩医科大学，但等到开学时却把他分到了长春中医学院（现长春中医药大学）。原来是因为他高考语文成绩特别好，很符合当时中医专业的招生需求，就被阴差阳错地转到了中医专业。

刚进大学不久，他在学校图书馆看书时碰到一位老先生，在他面前一口气、一字不差地背完了二十八部脉，又把十四经脉和奇经八脉从头背到尾，他愣住了。这位老先生就是他日后的启蒙老师——陈玉峰教授。陈老的中医理论功底扎实，讲解深入浅出。仝小林的中医基础也是从那时开始打牢的。

大学毕业之后，仝小林在安徽皖南医学院读研究生，跟首届国医大师李济仁先生学习《黄帝内经》。他教导仝小林基础理论要与临床紧密结合，在临床实践中仝小林渐渐开始意识到临床用药剂量是影响中医疗效的关键，正所谓"中医不传之秘在于量"，年轻时的经历与思考为他后来在这一领域的研究提供了起点。

20 世纪七八十年代，苏北地区暴发流行性出血热疫情。1985～1988年，仝小林在南京中医学院（现南京中医药大学）攻读博士学位，并成为著

名急危重症专家周仲瑛先生的第一个博士研究生，仝小林攻读博士期间基本
是在抗击出血热中度过的。当时流行性出血热患者人数多，最开始死亡率高
达 10%。他跟随导师周仲瑛，用中医药的方法将出血热病死率降到 1.1%，
积累了不少中医诊疗重症和危重症的经验。

其后仝小林在学术研究中，大胆质疑、小心求证，处理好了中医药理论
"守正"和"创新"的关系。他在中医药治疗糖尿病领域里所做的贡献正充
分体现了这一点。

1991～1994 年，仝小林在日本熊本大学担任客座教授，日方曾想高
薪留聘他，但他还是毅然决定回国。每当被问及当时是怎么考虑的，仝小林
都简短有力地回复到："回国理由很简单，我是国家培养的，单位需要、国
家需要，当然要回来。"

从日本回国后，仝小林接任了中日友好医院中风杂病科主任的职务，上
任后第一件事就是提出要成立中医糖尿病科，这算是全国"首创"。对于用
消渴理论治疗糖尿病的问题，他觉得存在一个误区，简单套用古代治疗消渴
"阴虚为本，燥热为标"的理论来指导治疗，是不合适的。

仝小林团队对 5000 例糖尿病患者进行调查后发现，仅 13% 的患者有
消渴典型症状。而通过深入研究《黄帝内经》中"脾瘅"理论，临床改用中
满内热的病机指导糖尿病的治疗，选用黄连、黄柏、乌梅等药以"苦酸制
甜"法降糖，取得了意想不到的效果。

仝小林因善用黄连降糖，故在患者群体中有"仝黄连"之雅号。提及黄
连，"苦"字便如影随形，俗语有云"哑巴吃黄连，有苦说不出"。在中医看
来，黄连味苦性寒，功效清热燥湿、泻火解毒。近年来有研究发现，其主要
成分小檗碱降糖功效显著，故在临床上亦多用于治疗糖尿病及其并发症。仝

小林经过多年临床实践及研究发现，临证中黄连的用量相当考究，并非用量越大，降糖疗效越显著。其用量多少，当遵循中医因病制宜之法则。

仝小林教授根据糖尿病各阶段主要症状决定黄连之用量。糖尿病早中期多处于郁热阶段，以肝胃郁热、胃肠实热、痰热互结、三焦火毒等火热炽盛为主要表现，黄连既可以清火泄热，又能降糖，此时剂量宜大，一般用9～30g；对于血糖极高，甚至出现糖尿病酮症者，急需清泄火毒，用量可达60～120g，1～2剂即可迅速降糖。随着病情进展，火热之势渐消，虚象渐显，以气虚、津亏、阴虚等虚证为主，病至晚期，甚至可见一派阳虚内寒之象。因此，糖尿病后期，黄连剂量不宜过大，一般用9～15g。血糖控制达标后，痰热、火毒等病理基础基本已清除，可以小剂量黄连长期缓慢调理。此时，一般改汤剂为丸剂、散剂、膏剂或丹剂等，黄连平均每日用量1～3g即可，意在长期维持治疗，非取其迅速降糖之功。

中医治病抓主症是主流。因此，黄连治疗糖尿病的临床剂量主要取决于其所主治之病症。用于降糖时，剂量需大；治疗杂病，小剂量足矣。

当然，药物剂量并非是恒定的，这就要求在临床上面对患者复杂多变的病情时，依然要随机应变，灵活应对，方能达到"神而会之"的境界。

黄连只是仝小林研究糖尿病治疗方案的突破点之一，在20多年的临床实践及科学研究中，仝小林带领团队完整地构建了糖尿病中医诊疗的新体系。

仝小林在临床中发现，中医传统理论指导糖尿病治疗多适用于糖尿病中后期，而糖尿病前期和早中期尚存中医理论盲区。由于降糖西药及胰岛素的出现，使糖尿病自然病程发生了很大变化。随之，糖尿病的中医证型自然也发生了变化。现代糖尿病患者刚出现"三多"症状时，西药就介入且迅速控制了血糖的升高，从而阻断了"三多"的过程，就不会出现"一少"的变化，患者也就仍然保持着原来的体形。这就是为何现代糖尿病与古代消渴病证型不同的原因所在。

因此，仝小林提出：阴虚燥热已不是现代糖尿病初发阶段的主要病机。他大胆突破了三消辨证，引入西医学慢病全程管理理念，提出中医"糖络病"理念，在流行病学调查的基础上按照现代糖尿病的实际证型去辨证治疗。他将糖尿病全程按照核心病机分为郁、热、虚、损四期，分别对应糖尿病前期、早期、中期和并发症期，并明确其证候规律。

针对 2 型糖尿病前期和早中期的治疗，仝小林提出其核心病机为过食肥甘导致中满内热，并以"脾瘅"理论指导郁热期的治疗，创立了以"开郁清热法"为核心的系列治法方药，填补了中医对糖尿病前期和早中期治疗的空白；传统消渴理论被重新梳理后用于指导中后期治疗，并创新性地应用传统经方治疗糖尿病各阶段。他抓住糖尿病微血管并发症这一特异性表现，倡导"糖络并治，全程治络"，构建了以"核心病机－分类分期分证－糖络并治"为构架的糖尿病辨治新体系，并用循证医学的方法验证其有效性。

糖络病作为糖尿病的中医病名，是仝小林根据多年临床实践与研究而提出的另一个理论创新。仝小林认为，从中医学角度看，糖尿病是因血糖高而引起络脉损伤的疾病，糖尿病由轻到重的发展过程，就是"病络"到"络病"的过程。病络是大小血管病变形成的过程（高黏血症、微循环障碍，属瘀聚）；络病是大小血管形成的病变（属癥积）。脉指经脉，大者为经，支者为络，络脉即细微血管。临床上严格控制血糖可使糖尿病微血管病变大幅减少，但不能减少大血管病变，这表明糖尿病以高血糖主要损伤的是"络"而不是"经"。而糖尿病的大血管病变往往是在代谢综合征的大背景下产生的。糖尿病只是冰山的一角。将糖尿病的中医病名改为"糖络病"，一是考虑到糖尿病的中医病机及演变特点；二是为了与糖尿病的西医病名接轨，体现中医特色；三是为了增强糖尿病并发症的可预见性和可干预性；四是为了指导临床治疗，既着眼于"糖"，更着眼于"络"，治疗当考虑从病络到络病的过程，前者属潜证，后者属显证。

仝小林在此理论基础上主编了《糖络病学》，被纳入中医药院校"十三五"创新教材，专著《糖络杂病论》获中华中医药学会学术著作奖一等奖，系列成果被评为中国中医科学院建院 60 周年最具影响力的 25 项科研成果之一，并被载入《中国中医药重大理论传承创新典藏》。其显著的疗效和突破性成果被纳入全球首部国际中医专病指南及国内中医药行业指南，"糖尿病与中医药"作为独立章节被整体纳入我国西医糖尿病指南。首次使中医诊疗在专病领域与西医学并行，找到了传统中医进入医学主流治疗领域可以借鉴的途径。这种糖尿病中医方案，为未来更多慢病、疑难病、老年病的中西医结合治疗提供了示范。

在新诊疗体系指导下，仝小林将多个经典名方引入糖尿病不同阶段的治疗，并通过高质量的循证医学研究确认其有效性，阐明其降糖机制。

针对糖尿病前期，他证实天芪降糖胶囊可降低糖尿病发生风险 32%，该药被 2013 版与 2017 版《中国 2 型糖尿病防治指南》推荐，为糖尿病预防提供了新策略。该成果被中华医学会糖尿病学分会评为 2014 年度"中国糖尿病十大研究"，是迄今为止唯一获奖的中医药成果，并获 2016 年度中国中西医结合学会科技进步奖一等奖。

针对新发糖尿病，他创立了开郁清热法，研发出糖敏灵丸和降糖调脂方等专利药，其降糖幅度与一线降糖西药二甲双胍相当，解决了中药不能独立降糖的难题。他首次在国际上从元基因组学角度阐明中药可改善糖尿病患者的肠道菌群结构，其研究论文入选 *Microbiology* 同年最优秀的前 1% 论文。相关研究获 2009 年度国家科技进步奖二等奖。

糖尿病并发症是西医学治疗难题。针对国际上缺乏有效口服药物治疗糖尿病非增殖期视网膜病变的情况，他通过临床研究证实，活血化瘀中药可明显减轻患者视网膜病变程度并延缓其进展。针对糖尿病胃瘫，他创立的糖胃安方可恢复胃肠生物力学特性，消除患者呕吐、恶心等症状。他领衔研发的清热降浊方和糖敏灵丸被列入国家重大创新药物，后者已完成新药Ⅲ期临床。《美国心脏病学会杂志》述评中引用了 12 项高质量糖尿病国际中医药研究，4 项来自仝小林的团队。

仝小林的研究工作奠定了他在中医糖尿病领域的领军地位。他主持制订了首部《国际中医药糖尿病诊疗指南》，由世中联颁布，被新华社评价为"中医药专病国际标准化建设的先行者"，该成果获世中联首届"中医药国际贡献奖（科技进步奖）一等奖"。

仝小林创建了代谢综合征中医整体辨治体系，从中医角度为复杂性疾病的整体治疗提供了新方法。代谢综合征是一种以多代谢紊乱为特征的复杂疾病（1988 年被首次提出），以腹型肥胖，血脂、血压、血糖异常为特征，是导致心脑血管疾病的重要危险因素，我国患者已突破 2 亿。西医学目前只能一对一、点对点地治疗，尚没有找到特定的药物能使综合征整体瓦解。

传统中医对该疾病的认识完全空白。作为国内最早研究代谢综合征的中医团队，仝小林自 2002 年开始探索和构建代谢综合征中医理论认知体系，通过大量临床调研及诊疗实践，创建了代谢综合征中医膏浊理论及以大黄黄连泻心汤为主方的"通腑泄浊"法。通过开展单纯性肥胖以及含高血压、高脂血症、高血糖不同组分代谢综合征的 4 项临床研究，从不同角度证实了中医药对"肥、糖、脂、压"的一体化治疗作用。

通过对 450 例同时含肥胖、高血糖、血脂异常的代谢综合征人群进行为期 1 年的随机对照临床研究，证实中药与二甲双胍相比，降糖幅度相当，但降脂、减重作用优于西药，获得了中药肥、脂、糖整体治疗的高级别循证证据。基础研究表明，中药较二甲双胍能更显著地调节患者的肠道菌群结构，显著降低潜在有害菌数量，增加有益菌数量，这些菌群的数量变化与血糖、血脂改善显著相关，相关结果发表于 top 期刊 *mBio*。

仝小林团队还围绕改善胰岛素抵抗这一代谢综合征核心病理机制开展了系列基础研究，阐释了中医药整体治疗代谢综合征的科学内涵。代谢综合征中医膏浊理论体系的创建充分展现了中医整体观和中药"多靶点"优势，为现代复杂疾病的整体治疗提供了方法和示范，相关研究成果获 2011 年度国家科技进步奖二等奖。

在针对糖尿病的研究过程中，仝小林深刻认识到，有效性是中医药生存发展的关键。纵观整个中医发展的历史长河，中医的辨治模式以及遣药原则无不紧跟时代的步伐，以提高临床治疗精准度为目的。中医精准化治疗的本质体现在中医选方用药与疾病本质最大程度的契合上，使得治疗有的放矢。基于此，仝小林提出"态靶结合"的辨治模式，成为现代医疗背景下，实现传统中医之宏观与西医学之微观相结合的重要路径。

中医擅长从宏观、整体层面把握疾病的本质。从数千年中医选方遣药的发展规律来看，中医呈现出从宏观辨证到微观辨证发展的趋势；而中医药的现代研究从单一唯成分论逐渐发展至与宏观辨证的结合。可见在当今医学背景下，精准是当代中西医学在新历史环境下发展的共同目标。面对医学发展提出的新问题，辨治模式也应该随之发展。中医宏观的"态""证"与微观的"标""靶"在临床中如何连接，成为现代中医辨治模式发展中的关键问题。当代中医在迈向精准化的过程中，仝小林院士提出必须尊重中医的原创思维，又要极大限度地利用西医药学研究的新成果；并在此基础上提出了一种旨在沟通宏观与微观辨治桥梁的中医临床辨治新模式———态靶辨治。

"态靶结合"辨证组方思想，是中医传统辨证思维与西医学科技成果相结合的产物，是旨在提升中医精准化的一种临床处方策略。这种处方思想的基石是中医"调态"理念，即从宏观入手，针对疾病的寒热、阴阳失衡之态，利用药物的偏性进行调节，促进人体阴阳自和，疾病向愈。仝小林院士提出的这种"调态"理念一方面延续和继承了中医传统辨证论治的精髓，但同时，在针对西医学已经明确诊断的疾病治疗中，通过充分借助西医学对疾病全程的生理、病理认识，按照中医思维，审视疾病全过程，厘清疾病发展各个阶段的特点，归纳核心病机进行论治。由此，我们可以看出，"态靶结合"理论中的调态理念并非简单的、割裂的辨证论治，而是动态的、连续的，以疾病全程为对象的辨证理念。

"态靶结合"思想另一层面的含义是强调临床"打靶"，即提高临床治疗的靶向性和精准性。临床治疗的靶向性包括三个层面的含义：靶向疾病本身，靶向典型症状，靶向临床理化指标。中医宏观调态是优势，但是微观打靶相对薄弱，而这种情况与过去中医所处的整体自然生命科学研究技术落后不无关系。而当下的中医，处于科技大变革大发展的时代洪流之中，中医人从来不是保守者，利用现代的研究成果，尤其是现代药理学的研究成果提高中医处方用药的精准性是时代的必然要求。基于此，仝小林院士提出的"态靶结合"处方思想，就是试图将传统中医思维与现代药理研究成果相结合的策略。已经被现代药理证实的中药理化功效，必须与中医辨证理论结合起来才是实现现代药理临床回归的有效路径。仝小林院士在临床中将这种宏观调态与微观打靶相结合的处方思路用于多种疾病的临床辨治，疗效甚佳。

例如降糖中药黄连目前被很多医家广泛熟知并应用，很大一部分是因为糖尿病的"脾瘅"理论得到了很大的发展，而黄连的药理学作用切合了这样的糖尿病理论病机。所以中药药理的应用不仅仅是需要药理学的发展，也需要对中医理论的深入研究，药理药效在病机的联系下才能更好携手。中医对现代疾病认识的理论突破是现代药理与传统药学对接的基础。

此外，当现代药理与传统药学的功效有差异时，如现代药理与传统药学的功效对不上，甚至作用相反时，临床应用可采取反佐的方式，牵制药物的偏性，以为医者所用。如黄连中的小檗碱能够降糖，而饮片黄连应用时需要结合辨证考虑，即黄连主要针对胃肠湿热患者更有效；若临床患者脾胃较弱时则需要适当配伍生姜或者干姜，以制约其苦寒伤胃的弊端。在多年的临床实践中，仝小林院士总结出指标药应用的一些原则：态靶一致为首选，平性药物不受限；倘若药态两相背，适当反佐以求安。

仝小林院士通过长期临床研究与大胆实践，突破传统，构建了以"核心病机—分类分期分证—糖络并治"为框架的糖尿病中医诊疗新体系，提出中医"糖络病"理念，创新应用传统经方治疗糖尿病各阶段，填补了早中期糖尿病中医理论和实践的空白，破解了中医不能降糖的历史难题。

2. 协力攻克糖尿病并发症

糖尿病高血糖患者在发病初期并无明显不适感。经过长期的高血糖损害后所引发的各类血管及神经并发症才是糖尿病的主要危害。如糖尿病肾病、糖尿病足、糖尿病眼底病变及糖尿病周围神经病变等，这些并发症严重时可以导致患者目盲、残疾乃至死亡。在中医领域还有一些专家针对这些难治的糖尿病并发症孜孜不倦地深入研究了多年，并取得了突出成绩。

图 2-88　糖尿病的并发症

　　64 岁的何先生是家里的顶梁柱，患糖尿病多年，现因左腿糖尿病足广泛坏死，造成全身严重器官衰竭并昏迷，被就诊的医院宣判"死刑"。俗话说"一日夫妻百日恩"，与何先生相守了 40 年的妻子不忍，便带他来到上海中医药大学附属曙光医院东院区中医血管外科，苦苦哀求柳国斌主任。柳国斌教授师从我国著名的中医外科大家奚九一教授，他善用"奚氏清法"治疗糖尿病足筋疽，作为奚九一的得意门生，柳国斌多年来将恩师的经验融会贯通，临床疗效十分可观。幸运的是，在柳主任及科室医护人员的精心治疗下，何先生 3 个月后恢复意识，6 个月后坏死的左腿逐渐长出新肉，全身器官也逐渐恢复功能，1 年后顺利出院，得到了"重生"，又一次显示出"奚氏清法"的神奇疗效。

中医外科领域著名的"奚氏清法"由我国第一代中西医结合专家、中国中西医结合周围血管病奠基人之一、中医脉管病泰斗奚九一教授发明。

图 2-89　中医脉管病泰斗奚九一教授

1923 年 4 月 6 日，奚九一出生于江苏省无锡市一个儒医之家。1944 年他进入上海陆渊雷中医函授班学习，1949 年 9 月考取上海同德医学院，1956 年 7 月被派往上海市西医学习中医研究班学习，成为新中国第一代中西医结合医生。

"西学中"期间，一位眼镜厂的工人找到奚九一，患者因脉管炎被截去一条腿，现在另一条腿也发生了坏疽。奚九一用名方四妙勇安汤，治疗了 1 个月，本来要截的患肢竟然奇迹般地保住了！从此，奚九一坚定了为中西医结合事业奉献终身的决心，迈开了从事脉管病诊治、研究的第一步。

第一例接诊的脉管炎坏疽被奚九一治愈后，脉管病患者纷至沓来。他沿用中医活血化瘀的传统理论，用一个药方，一种方法进行治疗。直至 20 世纪 60 年代初，治疗效果，成败互见，成功率为 50% ~ 60%。

一个偶然的机会，使他开始探索治疗脉管炎的新路。一位张姓患者，男性，七级钳工。双手患脉管病，用传统疗法，予以温经活血化瘀，病势非但不减，坏死反而加剧。眼看双手保不住了，要靠手吃饭、靠手养家的钳工哭了，哭声撕心裂肺！奚九一的内心受到强烈的震撼，他第一次感到了自己的无能和弱小。寒冷的冬夜，奚九一辗转反侧，难以入眠。后来索性披衣下床，径直来到患者家里。在门口时看到了惊人的一幕：患者裸露出发黑的双手任其在冬夜的寒风里吹冻，却自觉能减轻疼痛。奚九一心中一动，受到了启发：这不就是《伤寒论》中的"热深厥亦深"吗？由于血管发炎灼烧，引起津血凝结栓塞，以致肢端津血不能濡养而变黑坏死，并非色黑都是属于寒邪。由此推断，这属于"真热假寒"。要控制病情，阻止恶化，首先要息火降温、凉血清脉。谙熟中医经典的奚九一大胆变更处方，使用清热法治疗，果然药到病除。从此，揭开了用清法治疗脉管病的新篇章。

奚九一不断探索，他于20世纪80年代创立的"因邪致瘀，祛邪为先"的学术思想，结合"分病辨邪、分期辨证"诊疗方法，形成了"奚氏中西医结合脉管病诊疗法"。

随着糖尿病患者的增多，糖尿病足的发病率居高不下。奚九一发现，除了WHO界定的糖尿病足三大因素以外，还有一种肌腱变性坏死症（筋

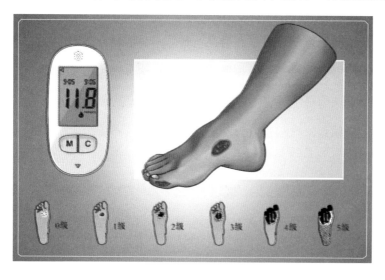

图2-90
糖尿病足分级

疽），如果能早期发现，早期治疗，可以大大降低截肢率。以新思路清法治疗糖尿病足筋疽，使得以往高达 38.5%~75% 的截肢率，降低到 4% 以下。该临床研究成果先后获卫生部科技进步奖三等奖、上海市临床医疗成果奖三等奖、上海市科技进步奖二等奖。著名医学家吴阶平、陈可冀等对这一新发现给予充分的肯定。该成果亦走出国门，在美国、加拿大、日本和东南亚等地得到了推广，产生了较为广泛的影响。

奚九一在晚年将自己 50 多年的临床经验与心得毫无保留地记录在《奚九一谈脉管病》书中，为后人留下了宝贵的遗产。他的弟子，被誉为"中国烂脚王"的柳国斌带领团队经过多年研究，不断优化奚老的经典用药方案，研发出的紫朱软膏，不仅能更好地控制糖尿病足坏疽的发展，促进疮面肉芽生长，加快坏疽疮面愈合，还让药物的毒副作用进一步减小。柳国斌还带领团队着手制定了涉及糖尿病足的 9 种中医外科技术操作规范流程，努力推动糖尿病足的中医外科治疗规范化，相关研究成果也于 2018 年荣获中华中医药学会科学技术奖一等奖，该研究是传承"奚氏清法"的又一突破，有力地推进了奚九一学术思想的传承与创新。

糖尿病眼病是糖尿病最常见的并发症之一。成都中医药大学段俊国教授带领团队在该领域不断探索研究，并取得了可喜的成果。

段俊国带领的团队在临床中发现，多数糖尿病患者是在眼科检查时，才得知罹患糖尿病，说明视网膜微血管是活体唯一能无创观察的终末微血管，也是糖尿病损害首当其冲的靶器官，因此它既是肾脏等其他微血管病变的研究窗口，也具有糖尿病微血管病变研究的示范性。

段俊国的团队通过前瞻性多中心临床研究，提出基于循证的糖尿病微血管病变基本病机、证候特点、演变规律、关键证候因素的中医证候理论；提出糖尿病微血管病变"阳虚致变"理论假说，并从代谢组学及 VEGF 基因多态性角度验证，明确其代谢组学及基因学实质。根据糖尿病微血管病变"本虚标实"的证候特征，提出糖尿病微血管病变"虚瘀并治"的治疗原则，立"益气养阴、通络明目"之法，从分子、细胞、整体水平，明确虚瘀并治中药复方多靶点、多途径、多环节的疗效机制。以国际公认的诊疗标准及终点事件指标，通过 1216 例前瞻性、多中心随机对照临床试验，获得糖尿病微血管病变中医药治疗"证候－疾病－终点事件"多维优势的循证证据：虚瘀并治中药复方治疗糖尿病视网膜病变疗效优于西药导升明 15%，降低尿蛋白排泄率总有效率优于导升明 50.7%，降低主要终点事件 7.6%，减少持续视力丢失率 10.47%，能延缓或减少糖尿病性盲、肾衰等风险。据此首次进行体现和发挥中医优势的系列糖尿病微血管病变防治方案研究，形成临床防治指南、临床路径，并创造性地提出糖尿病集约诊疗模式。

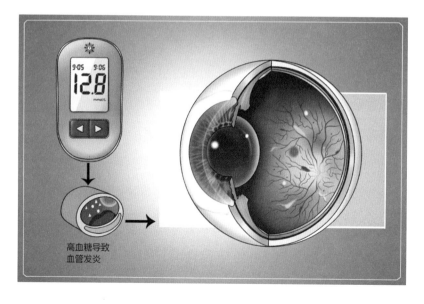

高血糖导致
血管发炎

图 2-91
糖尿病眼病

从最初的探索研究到临床试验，段俊国不仅坚持按照国际西医学界公认的研究方法、指标评价，还与哈佛大学、剑桥大学、威斯康星大学等海外名校进行合作，通过 1224 例随机对照临床试验获得中医药干预糖尿病视网膜微血管病变临床疗效和安全性的循证依据。并希望能够更好地运用中医药来治疗糖尿病微血管病变。

经过多年研究成果显著。1986～1996 年，我国第一个治疗视网膜静脉阻塞的中药新药——丹红化瘀口服液上市销售；1996～2009 年，我国第一个治疗糖尿病视网膜病变中药新药——芪明颗粒上市销售；芪灯明目胶囊是国内首个通过国家药审中心按照有条件批准程序上市注册，填补通过口服治疗糖尿病眼病黄斑水肿空白的新药。已上市的丹红化瘀口服液与芪明颗粒已用于数以千万计的眼病患者，并于 2017 年双双纳入国家医保目录。目前，段俊国正在带领团队针对黄斑水肿的口服制剂芪灯明目胶囊开展研究，未来上市后有望为更多的眼病患者带来光明的希望。

作为糖尿病的主要并发症，糖尿病肾脏疾病在全球患病率高、危害严重，西医学缺乏有效治疗方法，已经成为发达国家和我国发达地区终末期肾病的首位发病原因，23 年来我国糖尿病肾病死亡人数增加了 3.37 倍。李平作为中日友好医院临床医学研究所研究员、主任医师，从事中西医结合肾脏病临床与基础研究近 40 年，是我国糖尿病肾病研究领域内的杰出科学家。

糖尿病肾脏疾病早期起病隐袭，不易发现，临床蛋白尿期疾病进展迅速，缺乏有效的治疗药物。为了突破糖尿病肾病临床治疗的瓶颈，并厘清其作用机制，李平及其团队与清华大学等合作历时 20 余年开展了中医药防治糖尿病肾脏疾病临床和基础的系列研究，取得了丰硕的成果。

他们发现，糖尿病肾脏疾病早中期患者主要表现为气阴两虚夹血瘀证，其病机为肝失疏泄，肾络瘀阻，肝肾两虚。根据中医"肝肾同源"理论，提出"从肝论治糖尿病肾脏疾病"的治疗思路。

针对糖尿病肾脏疾病早期（微量白蛋白尿期）研发出具有益气疏肝、活血利水功效的中药复方制剂——柴黄益肾颗粒（柴胡、黄芪、穿山龙、水蛭、当归、猪苓、石韦），并通过代谢组学和脂质组学等多项基础实验研究发现，其作用机制与药物对肝脏代谢的调节作用有关。

针对糖尿病肾脏疾病中期（临床白蛋白尿期）缺乏有效的治疗药物，对已故名老中医时振声教授治疗糖尿病肾脏疾病经验进行了系统的分析和整理，确立了益气柔肝，活血通络的治则，并创立了糖肾方（黄芪、生地黄、山茱萸、枳壳、鬼箭羽、三七、熟大黄）。经过在北京、上海、天津、唐山、杭州、陕西、成都等地开展的临床试验证实，糖肾方可以减少糖尿病肾脏疾病临床蛋白尿含量，并可有效改善肾小球滤过率，其疗效优于国际公认的糖尿病肾病治疗一线西药——ACEI/ARB 类药物。

2017 年 1 月 9 日上午，一年一度的国家科学技术奖励大会在人民大会堂举行。由中日友好医院李平教授领衔的"益气活血法治疗糖尿病肾病显性蛋白尿的临床与基础研究"荣获 2016 年国家科技进步奖二等奖。

3. 辨证施治，糖尿病诊疗各具特色

国医大师、北京中医药大学东直门医院主任医师吕仁和作为我国中医药防治糖尿病及其并发症领域重要的开拓者和奠基人之一，将"健康"与"长寿"作为糖尿病治疗的目标，非常注重健康的生活方式对病情的影响。从医

近六十载，他帮助无数患者对抗病魔。

在祝谌予等师长的影响下，吕仁和对《黄帝内经》进行细致深入的研究，并根据《黄帝内经》的相关论述，结合西医学思想，创造性地提出了糖尿病的中医分期：脾瘅期、消渴期、消瘅期。他认为，《黄帝内经》中"脾瘅""消渴""消瘅"的病因、病机描述，与当代糖尿病前期、糖尿病期和糖尿病并发症期的认识非常一致。

立足于糖尿病的疾病特点和中医自身优势，经过与西医专家的互相交流，20世纪70年代末，吕仁和提出糖尿病治疗的"二五八"方案。吕仁和认为，对于糖尿病这样目前还无法彻底治愈的"终身病"，应该尽可能减轻症状，减少并发症，提高患者的生活质量，让患者活得更长久。所以，他把"健康"和"长寿"作为糖尿病治疗的两个目标，也就是"二五八"方案中的"二"。方案的"五"是指5项评价指标：血糖不能高、血脂不能高、血压不能高、体重不能高、全身症状尽量少。糖尿病患者应时刻注意这5项指标，发现问题及时解决。如何解决？就要靠"二五八"方案中的"八"。吕仁和提出8项治疗措施，包括辨证用膳、辨证锻炼和心理调适等3项基础措施，中药、西药、胰岛素类注射药物、针灸和推拿等5项选择措施。

"二五八"方案是一个开放包容的体系，以中医理论为基础，但不排斥西医手段。在疗效评价方面，不仅强调血糖，还关注血压、体重等指标，体现了中医的整体观；在治疗手段方面，既有基础性措施，也有选择性措施，体现了中医的个体化治疗。方案形成后，吕仁和曾到韩国、日本等地讲授，受到业内专家同道的认可和欢迎。作为中华中医药学会糖尿病分会和世中联糖尿病专业委员会创建者，吕仁和对中医药防治糖尿病国际学术交流做出了重要贡献。

在糖尿病治疗过程中，吕仁和十分看重疾病的分期。中医将疾病分成虚、损、劳、衰四个阶段。最早是虚损期，虚损治疗不好就变成虚劳，虚劳治疗起来难度就大了；虚劳不好会变成虚衰，所谓久劳成衰；等到了虚衰期，治好的希望就不大了。认清疾病处在哪一个阶段，才能准确把握该阶段饮食、运动、情绪及用药的规律。吕仁和提出，根据病情变化采用对症状论治、对症状辨证论治、对症辨病与辨证论治相结合、对病论治、对病辨证论治、对病分期辨证论治的方法。

在糖尿病并发症领域，吕仁和提出糖尿病微血管并发症"微型癥瘕形成"的病机学说，认为糖尿病肾病及其并发症的发生实质是消渴病久治不愈，久病入络，伤阴耗气，痰郁热瘀互相胶结于络脉，形成微型癥瘕，久而成积。在肾脏病方面，吕仁和将这一理论进一步发展，提出肾脏疾病的根本病机是人体正气亏虚，邪气内着，或气血瘀阻滞不通，或痰湿邪毒留而不去，久病入络，造成气滞、血瘀、毒留，结为癥瘕，聚积于肾络，即形成肾络微型癥瘕，损伤肾脏本身。

他的学术继承人，赵进喜教授，继承和发展了吕仁和教授的"二五八"分期辨证思想，并在此基础上进一步提出了防治结合、寓防于治、分期辨证、综合治疗的思路，通过治疗起到预防的作用。糖尿病前期可通过中医治疗阻断其发展到糖尿病阶段，糖尿病临床期通过中医治疗或者中西医结合的方式阻止发生并发症，已经发生并发症的通过西医控制血糖、中医治疗并发症，保护心、脑、肾等器官，延缓肾病的进展、糖尿病视网膜病变病程的进展以及使糖尿病足不发展成足坏疽。如赵进喜提出"益气、护肾、化瘀、散结"的糖尿病肾病治疗思路，形成糖尿病肾病分期辨证诊疗方案。2011 年，该方案被国家中医药管理局确定为该病种的诊疗方案和临床路径，并在全国推广。

1963年毕业于上海中医学院医疗系的林兰是我国最早一批六年制医学生之一，她曾长期跟随程门雪、张伯臾、金寿山、陆瘦燕等沪上名医大家学习，积累了丰富的临床经验，50多年来一直工作在医疗前线，治病救人。她结合自己临床实践，总结出一整套行之有效的内分泌疾病中医辨证治疗规律。

她坚持"发皇古义，融贯中西"理论的实践，独创了"糖尿病三型辨证"理论，发展并完善了中医学消渴病的相关理论，成为糖尿病中医辨证论治新方法。该方法显著提高了糖尿病患者的生活质量。糖尿病三型辨证学说首次将糖尿病辨证分为阴虚热盛、气阴两虚、阴阳两虚三型，分别代表糖尿病病情演化过程早、中、晚三个不同阶段。1986年，三型辨证被原卫生部药政部门纳入《新药（中药）治疗消渴病（糖尿病）临床研究的技术指导原则》，至今仍在相关临床、科研领域内被广泛遵循。

在建立糖尿病三型辨证理论之后，林兰教授将全部精力都投入到糖尿病的防治中。经过多年的不懈努力，她以益气养阴治则和中药降糖机理研究为切入点，先后研制出一系列中药新药，如上市药"降糖甲片"、国家专利品种"糖心平胶囊"等；赢得了患者的一致好评，极大地减少了因糖尿病引发的感染、心脏病变、脑血管病变、肾衰竭、视网膜病变、下肢坏疽等并发症。

六、璀璨针灸，服务人类健康

（一）针麻镇痛，推动针灸誉满全球

1971 年 7 月 26 日，一篇名为《现在，让我告诉你们我在北京的手术》的通讯报道刊登在美国《纽约时报》的头版。

这篇体验式的报道讲述了时任《纽约时报》副社长的詹姆斯·赖斯顿在华访问期间亲身接受针刺治疗的经历，见证了中医针灸的神奇疗效。就这样，这一古老医学再次站到世界舞台中央，一根小小银针引起中美两个大

图 2-92 《纽约时报》头版发表了赖斯顿的文章《现在，让我告诉你们我在北京的手术》（纽约时报档案馆）

国、东西方文明间更多的关注，在世界范围内迅速掀起了一股"针灸热"。

时间回到 1971 年的夏天，在尼克松访华之前，《纽约时报》副社长在华进行访问，并成功采访了周恩来。访华期间，赖斯顿因突发急性阑尾炎被安排住进了北京协和医院，接受了阑尾切除手术。术后第二天，赖斯顿出现腹部胀痛的症状，中国医生选择用中医针灸对他进行对症治疗。据赖斯顿回忆，当时，一位年轻的中国针灸师在他的右肘部和双膝下共扎了 3 针，并用一种"雪茄样"的艾卷灼烤腹部，治疗结束后，他的腹胀症状明显减轻。

此时，中国针灸学刚刚迎来一次重要的飞跃——我国医务工作者和科学工作者成功地发明了针刺麻醉，这是我国中西医学结合的典范。有了亲身经历的赖斯顿还在随后的行程中实地观摩了中国针刺麻醉手术。也许是受到这篇报道的影响，1972 年春，美国总统尼克松访华团抵京后，指名要现场观摩针刺麻醉，30 余名访华团成员及记者在北京医科大学第三医院观看了针刺麻醉肺叶切除手术的全过程，为美国总统首次新中国之旅烙上了特殊的印记。同年 4 月，在芝加哥威斯医院，美国医师第一次实施了在针刺麻醉下切除扁桃体的手术。

1. 针麻镇痛的前世今生

针刺麻醉是一种在针刺疗法基础上发展起来的独特的麻醉方法。针刺疗法起源于新石器时代，最初人类用其来刺破脓疡，起到镇痛和治疗作用。而针刺麻醉的核心就是充分发挥针刺在镇痛方面的作用。

中华人民共和国成立之初，百废待兴，缺医少药，麻醉药在当时属于稀缺资源，再加上生产工艺落后，患者使用后不良反应较大，加重了患者术后恢复负担，也增加了医疗成本。当时有的工作者提出，既然有疼痛疾患时可

图 2-93　针刺麻醉下肺叶切除术部分医师合影（引自《亚太传统医药》文章）

以用针刺加以治疗，是否也可以用针刺防止疼痛的发生？韩济生院士深情地回忆自己参与针刺麻醉镇痛原理研究的历程："1958 年，全国各行各业为社会大发展献计献策，敢想敢做，身体力行。在医学界，各种民间疗法如雨后春笋纷纷出现。如何去粗存精，去伪存真，需要在实践中一一检验。针刺麻醉就是其中之一。"

1958 年 8 月，上海市第一人民医院在实施扁桃体摘除术时用针刺双侧合谷穴进行麻醉获得成功，无论是术中疼痛还是术后恶心等不良反应均显著减轻。《针刺替代麻醉为临床麻醉开辟了新道路》的报道给全国医学工作者注入了一剂强心针，从此开启了针刺麻醉这一新的研究领域。1965 年，卫生部向医学院校和研究机构发布有关针麻研究的信息。1966 年 2 月，在上海召开针刺麻醉研究座谈会，针刺麻醉研究显著升温。1971 年 7 月 18 日，新华社向全世界发布针刺麻醉成功的消息，再次掀起针刺麻醉热潮。

进入 20 世纪 80 年代，针刺麻醉效果弱、操作费时费力的缺点逐渐暴露，单独使用针刺进行麻醉的案例逐渐减少，但"针刺辅助麻醉""针药复合麻醉"的提出，使针刺麻醉的使用更加科学合理。最新的研究确认，外科手术时应用针刺方法可以减少麻醉药用量 15%～25%，同时达到外科手术需要的麻醉效果。针刺麻醉除了可以减少麻醉药用量、减轻术后伤口疼痛外，还可以稳定手术期间患者的生理状态，加强免疫功能，促进术后恢复，减轻患者经济负担等。1984 年，卫生部提出在拔牙术、甲状腺手术、前颅窝颅脑手术、肺叶切除术、颈椎前路手术、剖腹产术、腹式输卵管结扎术、腹式子宫切除术等 8 种手术中适宜用针刺麻醉。

经过半个世纪的实践，针刺麻醉从无到有，又由盛转衰，经历了自然选择和演化的过程，但以针刺麻醉为代表的针刺镇痛机理研究随着国力的增强和技术方法的创新有了长足的进步，为中医针灸最终走出国门，服务全人类打下了坚实的基础。

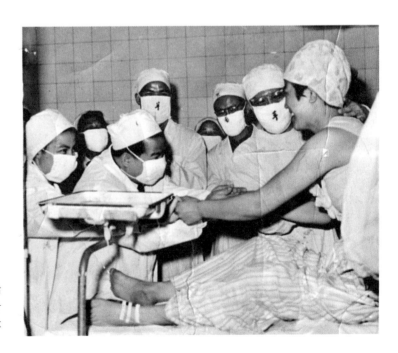

图 2-94 西哈努克亲王参观针麻手术

2. 韩济生与针刺麻醉原理的研究

1955 年 4 月 15 日，毛泽东派汪东兴看望针灸专家朱琏并传达指示："针灸是中医里面的精华之精华，要好好地推广、研究，它将来的前途很广。"

20 世纪 50 年代后期，我国一些地区开始把针刺麻醉应用于外科手术中。1965 年，周恩来总理亲自指示卫生部，要求组织力量研究针刺麻醉的原理。卫生部随即向医学院校和研究机构发布有关针刺麻醉研究的信息，并将这个任务重点交给了北京医学院（现北京大学医学部）。北京医学院生理学教研室的韩济生担起了这项任务。

针灸，对从事了 12 年基础研究的韩济生来说是很陌生的，但责任感让他改变了自己的研究方向，而这一锤则定了终身。1965 年，在针刺麻醉这样一个全新领域，韩济生带领他的同事和学生经过不懈的努力和探索，做出了骄人的成绩与贡献。经过 40 多年的潜心研究，他们终于部分地阐明了针刺镇痛的机制，证明了针刺穴位能够刺激中枢神经促进镇痛化学物质的释放，从而发挥镇痛作用。这项处于国际先进水平的研究，对周总理交待的任务终于有了初步的答卷。

韩济生认为，要想知道为什么，必须先要确定是什么，一切都要从现象到本质，确认事实才能开始研究。他和同事们在 194 名正常人和患者身上详细观察和记录了针刺镇痛的规律，在此基础上，韩济生做出推论，针刺可使体内产生具有镇痛作用的化学物质。此后，针刺镇痛的机理研究就向着寻找镇痛物质的方向发展。随着研究的深入，韩济生发现用不同频率的电脉冲刺激穴位，脑、脊髓中会释放出不同种类的神经肽类物质，从而产生不同的治疗效果。韩济生的研究工作受到国际科学界的高度评价。1979 年，韩济生第一次走出国门，站在了美国波士顿世界麻醉研究会的演讲台上，以确凿的实验数据和创新的研究思路解释针刺镇痛的原理，使听众耳目一新。1997 年，韩济生在美国国立卫生研究院召开的由 1000 余名医师参加的针灸听证会上做报告，促进了针灸治疗在美国取得法定地位并向世界推广。2010 年，韩济生在加拿大召开的世界疼痛大会上向 6000 余名听众介绍针刺镇痛的机理，为针刺镇痛疗法进一步发展开辟了道路。2011 年，韩济生作为"973"项目首席科学家为针刺镇痛麻醉的机理研究做出新的贡献。

韩济生的研究并不局限于中医针灸领域，也对西医神经科学的发展做出了贡献。此后，韩济生更是将针刺镇痛理论用于戒毒当中。他研究发现，用不同频率的电脉冲刺激吸毒者的内关等穴位，能使其脑内产生一种叫作阿片肽的物质，利用该方法戒毒，可以促使体内受到毒品侵害的细胞逐渐恢复功能，使吸毒者逐渐摆脱对毒品的依赖，使戒毒后一年的复吸率由原来的99% 降至 70%。

1993 年，韩济生入选中国科学院院士，2007 年被授予北京大学颁发的最高奖"蔡元培奖"，2014 年获美国针刺研究学会首届针刺研究终身成就奖及第二届张安德中医药国际贡献奖，2017 年获首届"天圣铜人"科技特殊贡献奖。这些研究成果得到了国际科学界的高度评价，为祖国赢得了荣誉。韩济生被 WHO 聘为科学顾问，被美国国立卫生研究院聘为科学评审委员会顾问，被瑞典隆德皇家科学院聘为国际院士。他还担任国际疼痛学会中国分会主席，国际麻醉性药物研究学会执委会委员，获国际脑研究组织（1BRO）和美国神经科学基金会联合颁发的"杰出神经科学工作者奖学金"，这也是获此殊荣的唯一的一位中国科学家。1994 年，法国 UPSA 疼痛研究所主动提出与韩济生合作，在北京医科大学成立"中法疼痛治疗中心"。韩济生把这一中心的成立看成是"把 30 年基础理论研究成果返回到临床实际，为顽痛患者解除痛苦的一项奉献""沟通东方医学与西方医学治疗疼痛经验的一座桥梁"。1995 年 11 月 17 日，美国权威的科学杂志《科学》出版了一期中国的特刊，介绍"中国之科学"。其中有一篇是讨论国际合作促进科研发展的文章——《恰当的国际联系可以拯救生命也可移山》，文中介绍的三个例子之一就是韩济生教授研究针刺镇痛取得的成绩。文中写道：有一位科学家既得到政府部门的关照又能在国际上活动自如，这就是北京医科大学神经科学研究中心主任韩济生。他已花费近 30 年时间研究针刺的止痛作用，探讨其生物学和神经化学机理，并培养了一代又一代的研究生。他的实验室接受美国国立卫生研究院药物成瘾研究所（NIDA）的科研基金资助。NIDA 主任 A．Leshner 介绍说："韩的工作非常出色，他是一位优秀的科学家，美国有一批最好的科学家正在与他合作。"

3. 针刺麻醉镇痛的科学内涵

1965 年，我国著名的神经生理学家张香桐教授在动物实验的基础上，提出了"针刺镇痛是来自穴位和痛源部位两种不同传入冲动在脑内相互作用的结果"的著名论断，为寻找针刺麻醉作用机理奠定了坚实的科学基础。1972 年，韩济生教授首次应用家兔脑室交叉灌流法证明，针刺镇痛过程中人体内可能产生了某些具有镇痛作用的物质。1978 年，上海医学院（现复旦大学上海医学院）曹小定教授发现，针刺镇痛时中央灰质灌流液中的内啡肽明显增加，且与镇痛效果呈正相关。从 1984 年起，以韩济生、曹小定为代表的中国科学家经过 15 年的研究证实了针刺镇痛的作用机理。

经过科学家们前赴后继的潜心研究，终于部分地阐明了针刺镇痛的机制，证明了针刺穴位能够刺激中枢神经，促进镇痛化学物质的释放，从而起到镇痛作用。

我们每个人都经历过疼痛。西医学认为，引起疼痛的主要原因包括局部炎性反应、神经损伤、组织缺血、免疫代谢紊乱、外部创伤等。国际疼痛学会专业名词委员会主席Merskey曾说："疼痛是一种不愉快的感觉和情绪体验，它与组织损伤同时发生，但有时实际上并无组织损伤，而是用组织损伤加以描述。"简单来说，疼痛是人的一种不愉快的主观感受。

图 2-95 《人民日报》头版对针刺麻醉取得的成功做了报道

人类历史的发展始终在与"疼痛"做斗争。医学认为，疼痛对人体有着警告和保护作用，可以帮助人类避免继续遭受某种伤害。但在临床上，还有一种"慢性疼痛"，其原因不明晰，无法有效起到"提醒"作用，或病因（如恶性肿瘤广泛转移引起的疼痛）不能立即去除，疼痛信号长鸣不止，只能给人带来极度的痛苦，甚至产生"痛不欲生"的厌世之感，显著降低了患者的生活质量。这种"慢性疼痛"正是医学界长期努力至今仍在为之斗争的一个难题。

现代研究发现，疼痛感受不是一个被动过程，而是一个复杂的主动过程，它是包含感觉、情绪、认知等多维度组分的一种主观体验。痛感觉是我们最为熟知的，它包括疼痛的性质（刺痛、灼痛、胀痛等）、位置、持续时间等；痛情绪包括疼痛带给机体的紧张、焦虑、抑郁等不愉快的情绪改变；痛认知是指个体对疼痛的关注、期望、安慰、记忆等。可见，各种病理、心理、生理因素共同塑造了疼痛的多维度主观体验。因此，理想的镇痛方案应兼备抑制痛觉敏化、缓解负性情绪、改善认知评价的特点。

目前临床应用的阿片类、非甾体类抗炎、镇静、抗抑郁类制剂对于缓解疼痛都具有一定效果，但在缓解负性情绪，改善认知评价等方面效力不足。同时，由药物引发的成瘾、胃肠道功能紊乱、肝肾损伤等不良反应不可避免，极大限制了镇痛制剂的使用。

人们对针刺镇痛的认识，从最初关注针刺对痛感觉维度的调节，再到近年来针刺对情绪和认知类疾病干预的有效报道和针刺干预痛情绪、痛认知维度的初步效应来看，针刺参与了疼痛的多维度调节。

首先，针刺已被证实可提高疼痛患者的痛阈水平，具有显著的镇痛作用。针刺可以有效抑制如三叉神经痛急性发作、牙痛、急性腰扭伤等各类急慢性疼痛。已有研究表明，针刺合谷穴 5 分钟后同侧和对侧的头、胸、腹、背、四肢的耐痛阈有所上升，一般在电针 20～40 分钟镇痛效应达到高峰，痛阈和耐痛阈可平均升高 65%～180%，具有起效快、即刻效应好、后效应相对较差的特征。

针刺是如何参与痛感觉调节的呢？在前期的研究中，科学家们发现针刺可以促进内源性阿片肽释放，这一发现首次证明了针刺镇痛的物质基础。基于此，有学者提出，直接使用阿片肽类药物镇痛，比针刺更加省时省力。但经过长期观察后科学家们发现，与直接给药不同，针刺并不会导致人体出现阿片肽类药物耐受现象，在对部分阿片肽类药物无效的疼痛中使用针刺也能起到疗效。这一现象表明，除促进内源性阿片肽释放外，还存在其他的针刺镇痛机制。

越来越多的证据表明，针刺效应具有多靶点的特性。在调节痛感觉方面，针刺效应也是多维度的，不仅能促进内源性阿片肽释放，还能促进炎性反应局部的内啡肽的释放和上调外周阿片受体发挥抗炎性疼痛的作用，在抑制内源性致痛物质的产生，干预脊髓背角神经元的细胞内信号转导通路，抑制痛觉敏化，调节离子通道功能等方面均有效力。

其次，针刺麻醉参与了情绪的调节。在科学家眼里，我们喜怒哀乐的情绪是可以量化的，它是受体内各种激素综合影响的结果。比如内啡肽，这是一种与吗啡具有相同受体的递质，它可介导欣快感，产生高兴的情绪。当人体被悲伤情绪笼罩时，自身分泌的内啡肽也会相应减少。研究发现，许多缓解疼痛的物质也具有调节情绪的作用，这些物质对痛感觉和痛情绪具有双重调节效应，如临床常用于镇痛的三环抗抑郁药、选择性 5- 羟色胺（5-HT）重摄取抑制剂等。在临床上，针刺对抑郁、焦虑、失眠等情绪障碍性疾病的治疗作用也已得到广泛认可。基于针刺具有缓解抑郁、焦虑等负面情绪的作用，有学者尝试将针刺引入对痛情绪的调控。研究发现，在脊髓层面，针刺对痛情绪的调节与其对中缝背核 5-HT 和 ACC（乙酰辅酶 A 羧化酶）内细胞外信号调节蛋白激酶（ERK）和 PKM 通路活化的调节密切相关，通过与脊髓背角处的疼痛信号相互整合干预疼痛信号在高位中枢诱导出的负面情绪，间接参与痛情绪调节。在高级中枢层面，针刺也可能通过其他神经环路直接干预高级中枢核团发挥痛情绪调节作用。

当然，疑团还未完全解开。针刺干预痛情绪效应与针刺镇痛之间有什么关系？针刺对痛情绪的调节起源于针刺对疼痛的调节，还是针刺对情绪确实有直接调节？这些问题还有待进一步研究。但可以肯定的是，针刺对痛情绪确实有调控作用，即针刺镇痛不仅能缓解患者的疼痛，也能调节患者的负面情绪。这一发现极大地扩展了针刺镇痛的内涵和外延，并能更好地指导针刺镇痛的临床应用。

最后，针刺参与调节痛认知。中医很早就关注到痛认知的问题。中医对认知活动的认识可追溯至《黄帝内经》。《灵枢·本神》记载："所以任物者谓之心，心有所忆谓之意，意之所存谓之志，因志而存变谓之思，因思而远慕谓之虑，因虑而处物谓之智。"其中"心有所忆谓之意，意之所存谓之志，因志而存变谓之思"恰当地诠释了个体对疼痛知觉的高级认知水平的加工、处理过程。在此基础上，中医提出"针刺治神"的治疗原则，将对疼痛的认知维度归结到"情志"或"神志"范畴，等同于现代社会心理学中的意志、记忆、情绪、情感等。

科学家们也发现，临床上同样病情的患者会因对疼痛认识和关注度不同而出现对疼痛感觉的差异，也会因患者对某种治疗方式或治疗医师的期待值不同而出现不同的治疗效果，还有如幼儿对既往注射带来的疼痛记忆而在再次接受注射前就出现哭闹。这些现象的根源就在于个人痛认知的差异。在对痛认知进行深入研究后，西医学发现，痛认知是中枢神经环路功能改变导致的认知偏差，同时也发现痛情绪和痛认知有大量相同的神经核团，近似的神经环路。那么，针刺既然对痛情绪有很好的调节作用，对痛认知的调节情况如何呢？

在人体实验中，科学家们发现，如果患者对针刺镇痛或是对医生信任度高，其针刺镇痛效果相对较好。这说明针刺镇痛有可能产生有效的"安慰"

镇痛效应，可以说针刺镇痛中也具有一定的"安慰剂"效应。针灸治疗本质上并不排斥自身有一定的安慰剂效应，可以肯定的是，针刺镇痛不是只具有安慰作用还有其他作用。对痛认知进一步研究和对针刺干预痛认知神经环路进行深入研讨，不仅是对针刺镇痛含义的拓展，而且有助于科学阐释针刺"安慰剂"效应，提升针刺镇痛的科学话语权。

4. 针刺镇痛研究的意义

针刺镇痛的研究极大推动了针刺的科学研究。研究证明，针刺在调整内脏功能、调节内分泌、调节炎症 - 免疫等方面均有很好的功效。针灸的巨大魅力和确切疗效引来各国争相涉足该领域，美国、德国、日本等国科学家运用现代科学技术围绕针刺作用机理展开了深入研究。近年来，刘保延、梁繁荣、朱兵、许能贵等一大批中国科学家们依托国家级重大科研项目，开启了针刺作用机理科学研究的 2.0 版本，抢占针灸科学领域的话语权。

经过近 20 年的漫漫求索，中国科学家先后进行了超过 5000 例的对比试验，涉及偏头痛、消化不良、慢性稳定型心绞痛、面瘫等多种疾病。大量试验结果证明，针灸治疗疾病有效率高达 70% ~ 90%，首次从经穴与非穴、本经穴与他经穴、本经特定穴与本经非特定穴三个层次证实了经穴效应特异性的存在，第一次比较全面、客观地回答了国际学术界对经穴效应特异性的质疑，为经穴的国际学术争议提供了客观证据。中国科学家们发表在国际知名期刊上的文章，被国外很多报刊媒体、网站进行转载，很多学术评价机构都引用了相关文章，他们的临床研究结果也作为高水平的临床证据纳入了国外一些指南中。

在长期的历史实践中，人们发现可以通过刺激身体不同点起到治疗体内不同疾病的效果，同时身体不同部位的变化又能反映体内的某些病理变化。比如针刺内关穴可显著缓解恶心呕吐，针刺天枢穴对肠运动具有双向调节作用，若阑尾穴出现条索状物质或疼痛提示阑尾出现病理变化。科学家们研究发现，针灸对内脏功能具有调节和治疗作用，这种调节包括同节段穴位的特异性调节和异节段穴位的非特异广泛调节，这些作用均以脊髓节段性、节段间和全身性（脊髓上）中枢的参与为基础。比如针刺中脘穴通过激活同节段的交感神经抑制胃运动，针刺足三里可激活迷走神经而显著促进胃肠运动等。也是基于针灸穴位可以调整相应靶器官的功能，科学家们已开发出相应的可穿戴的腕带产品，实现了针灸研究的成果转化。

研究发现，针刺具有对下丘脑－垂体－性腺轴和下丘脑－垂体－肾上腺轴的调节效应。此外，针灸激活皮肤固有的"皮—脑轴"（与中枢相似的HPA轴）发挥局部和全身的神经内分泌调节也是近年来关注的热点。针刺可以显著下调非肥胖多囊卵巢综合征（PCOS）患者的雄激素水平；针刺联合生活方式干预可改善肥胖PCOS患者月经周期和排卵率，降低性激素水平，显著改善卵母细胞的募集，提高胚胎的质量。

图2-96　医疗卫生科学新成就纪念邮票（右下角一张为以针刺麻醉为主题的纪念邮票）

　　针灸所引起的免疫调节作用主要表现为其对免疫细胞、免疫分子和神经免疫的作用。胆碱能抗炎通路是近些年来发现的以传出性迷走神经为基础的抑制炎症反应的神经免疫通路。2020 年，中美学者联合发表在《神经元》上的研究结果，揭示了针刺体表穴位可以诱导多种躯体感觉—自主神经—靶器官反射通路，发挥对机体免疫 - 炎症的调节作用。

5. 针灸的国际化之路

　　早在 6 世纪，针灸就已经传到朝鲜、日本、越南等国家。17 世纪，针灸由传教士带入欧洲，随后法国人哈尔文的《中医秘典》出版，针灸开始在国外应用于临床。可以说，针灸参与了最早期的人类健康命运共同

图 2-97　韩济生在旧金山为当地中医讲针刺原理

体建设。在世界范围内，WHO 也十分重视针灸的推广。1975 年在我国北京、南京、上海分别设立了国际针灸培训中心，培养国际针灸人才。至 1990 年底，针灸已在法国、埃及、墨西哥、巴哈马等多国"合法化"，并成立了总部设在北京的世界针灸学会联合会。

　　1997 年 11 月，针灸国际化迎来关键一"役"，在美国国立卫生研究院举办的针刺疗法听证会上，韩济生教授介绍了针刺镇痛原理——《针刺激活内源性镇痛系统》，曹小定教授介绍了针刺对机体免疫抑制的调整作用的临床与实验研究。会议认为起源于中国的针刺疗法对许多疾病具有显著疗效，

作用确切而副作用极小，可以广泛应用！

基于中国科学家翔实有力的数据支撑，针灸的国际化进程得以再次"提速"。在美国，已有超过 40 个州和华盛顿特区立法承认针灸，准予办理执照或注册登记。加拿大、澳大利亚、意大利、巴西等国相继立法承认针灸的合法地位，在德国、瑞士等国更是将针灸治疗纳入医疗保险范畴。目前，世界上已有 180 多个国家和地区设有中医针灸医疗机构。2002 年，WHO 列出了针灸应用的 106 种适应证，并牵头制定了针灸腧穴定位的国际标准。2010 年，WHO 启动中医学疾病分类代码编制工作，第一次将中医学纳入世界主流医学范畴。2010 年 11 月 16 日，在肯尼亚内罗毕召开的保护非物质文化遗产政府间委员会第五次会议上，"中医针灸"通过审议成功入选"人类非物质文化遗产代表作名录"。2018 年，联合国教科文组织把 11 月 22 日确定为"世界针灸日"。

WHO 在关于《迎接 21 世纪的挑战》报告中强调"健康是人的基本权利"，注重个体"发现和发展自我健康的能力"。当今医学正由"疾病医学"向"功能医学"转变，这意味着防治疾病关口的前移。针灸恰恰是通过刺激体表实现对人体功能的调节，调动人体的自愈能力，阻断其渐变为器质性疾病，与当下健康理念不谋而合。我们相信，当针灸这一古老的治疗方法拥抱现代科学时，可以为人类健康提供更多可能。通过中医针灸这一绿色医疗手段，减少药物滥用和副作用，将为人类健康提出有中国特色的治疗方案。

大师风采·韩济生

以针灸为代表的中医药成为最早一批走出国门的中国代表，经过数十年国内外专家的通力合作，现在针灸已经成为世界的针灸，成为中国送给世界的礼物。

（二）破旧创新，醒脑开窍治中风

120 分钟的纪录片《9000 针》记录了一个真实的故事。德尔文是一名美国的健美运动员，曾经获德克萨斯州健美冠军，是很多青年人心目中的偶像。他有一个幸福的 5 口之家，40 岁，正是人生的黄金时期。德尔文事业和家庭都顺风顺水，但不幸却不知不觉降临到他身上。一天他突发中风，脑干大面积出血，导致右侧肢体瘫痪，语言不利，生活完全不能自理。疾病不仅夺走了德尔文的健康，而且威胁到他的家庭。德尔文感觉整个天都塌了。他的家人通过朋友得知一个美国朋友在中国用针灸治疗中风的情况，于是在 2008 年初，德尔文同十几位美国病友一道，来到东方这个充满"传奇"的国度——中国，向一位中国的针灸医生寻求帮助。这位针灸医生就是中国工程院院士、天津中医药大学第一附属医院院长、"醒脑开窍"针刺法治疗中风的创始人石学敏。经过针灸、拔罐治疗以及康复训练，德尔文从最开始完全无法行走，到可以在搀扶下行走，语言能力有所改善，仅用了短短的三个半月时间。整个治疗过程都被德尔文的兄弟记录了下来，并最终通过《9000 针》纪录片的形式展现给世人。德尔文的求医经历，让很多美国人都非常惊讶，并由衷地赞叹中国针灸的神奇。为德尔文治疗的医生——石学敏院士就是"醒脑开窍"针刺法治疗中风的创始人。

1. "鬼手神针"石学敏

石学敏院士出生于天津市西青区。幼年的他看到人们被病魔折磨，便立志要成为一名救死扶伤的医生。怀揣这一志向，他以优异成绩考入天津中医学院（现天津中医药大学）。在校读书期间，他阅读大量医书，并经常带着问题去请教老师。而对于有些老师也回答不上来或者自己始终无法弄清楚的问题，他就一一记录下来，留待以后解决。就这样，大学期间他

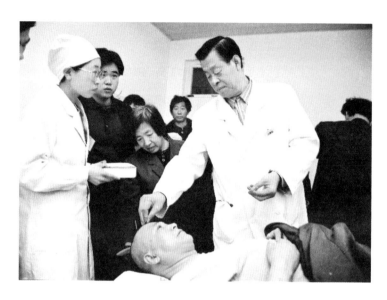

图 2-98 石学敏院士为患者进行醒脑开窍针法治疗

记录了十多本笔记。毕业后他被分配到天津中医学院第一附属医院工作，2年后被派到北京参加卫生部举办的全国针灸研究班学习。通过系统学习、名医指点他对中医认知有了质的飞跃。他意识到，针灸领域还有许多空白点，有大量工作要做，最终走上了从事针灸之路。20 世纪六七十年代，河北邢台、唐山先后发生大地震，石学敏担任天津赴地震灾区医疗救援队负责人。在恶劣的环境下，通过救治大量疑难病症患者，他的医术逐渐完善，同时，他发现针灸治疗不全截瘫和神经损伤疗效显著，更加坚定了他研究针灸的信念。

1968 年，他担任援非医疗队队长，率队援助阿尔及利亚。阿尔及利亚国防部长萨布摔伤瘫痪在床一个多月，经十几位欧洲名医治疗后均不见起色，于是请来石学敏试一试。起初人们对他手里的银针提出质疑，然而当两枚银针通过提插捻转后拔出时，萨布一个多月未曾动一下的腿竟然抬了起来。次日，阿尔及利亚最大的报纸《圣战者报》刊登了这一新闻。新闻最后高度评价道："这不是巫术，也不是魔术，而是中国 3000 年历史的医学法宝。"

作为天津中医药大学第一附属医院针灸科学术带头人，从事针灸学和老年医学的临床、科研及教学工作 60 余年，石学敏院士坚持"中西结合、融合贯中"、针药并用、形神兼备。他开创了"醒脑开窍"针刺法，开辟了中医针灸治疗中风病的新途径。他首次提出"针刺手法量学"概念，使针刺疗法更具有规范性、可重复性、可操作性，从而使针刺治疗由定性的补泻上升到定量的水平，极大地推动了针灸的现代化进程。因其对针灸学的巨大贡献及应用针灸治疗疾病的卓越疗效，被中国工程院原院长、著名科学家朱光亚誉为"鬼手神针"。根据多年的临床经验，结合独特的学术思想，石学敏院士开发了治疗心脑血管病的 3 类新药"丹芪偏瘫胶囊"，并逐渐建立了以"醒脑开窍针刺法"和"丹芪偏瘫胶囊"为主，配合康复训练、饮食疗法、心理康复、健康教育等疗法为一体的规范的中风病综合治疗体系——石氏中风单元疗法，被国家中医药管理局列为十大重点推广项目之一。石氏中风单元疗法是对国际"卒中单元"概念的完善和贡献。石学敏院士救治海内外患者数以万计，深受患者信赖、同行赞誉及国际友人的欢迎，有效推动了针灸学科和天津中医药大学第一附属医院的快速稳步发展。

2. 遵古创新，开辟针灸治疗新思路

传统中医对中风病的病机认识，经历了从外风到内风的漫长过程。清代医家已对中风的病机有了一定认识，但其理论很不完善，在针灸治疗上也以"治痿独取阳明"为主要方法。如果将中医治疗中风病的发展总结为三个阶段，那么第一阶段是以"外风"学说为主的时期。《黄帝内经》中认为中风的病因主要是真气不足而邪气独留，《金匮要略》亦认为是经络空虚，风邪乘虚而入，治则上以疏风散邪、扶助正气为主。第二个阶段是以"内风"学

说为主的的时期。不论是刘河间的"心火暴甚",抑或李东垣的"正气自虚",还是朱丹溪的"湿痰生热",其病机最终都是引动了"内风"。如果说"治风""治痰"是中医治疗中风的第一二阶段主流思想的话,那么石学敏院士立足于"醒神""调神"的醒脑开窍针法则开创了中医治疗中风的第三个阶段,改变了中风病治疗的现状,使中风病的治疗产生了质的飞跃。通过大量的临床实践,石学敏院士提出中风病的病机关键在于肝风夹痰浊,瘀血上蒙脑窍,致"窍闭神匿,神不导气",该创新性认识使中风病的病机理论提高到新的水平。在新理论的指导下,他提出"醒脑开窍、滋补肝肾、疏通经络"的新治则,从而确立了从脑论治中风病,以督脉及相关阴经穴为主的治疗体系,并在针刺手法上制定明确的量学规范,创立"醒脑开窍"针刺疗法的理论和技术体系,使中风病的疗效显著提高。

"治痿独取阳明"的说法出自《素问》。所谓"痿"就是中风偏瘫,也就是说临床上遇到中风偏瘫的患者以取阳明经腧穴针刺治疗为主。而石学敏院士则认为,这一理论忽略了患者病变在脑,而脑为元神之府,没有从整体

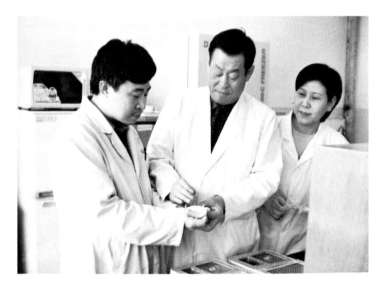

图 2-99　石学敏院士及其团队对醒脑开窍针法机制进行研究

观的角度对中风病进行全面的分析研究。醒脑开窍法大胆地改变了多年不变的选穴原则，取以开窍启闭、改善元神之府——大脑的生理功能为主的阴经穴和督脉穴，以内关、人中、三阴交为主穴，辅以极泉、尺泽、委中。人中穴为醒脑急救之要穴，被历代医家所推崇，针之可直接兴奋上行激活系统，解除脑细胞的抑制状态，可特异性地增加颈动脉血流，纠正血液动力学紊乱，改善脑循环，因此，可开窍启闭，醒元神，调脏腑。内关穴为心包经之络穴，可改善中风病患者的心输出量，改善脑血氧供应，具有宁心调血安神之功效。针刺三阴交穴可疏通三阴，泻浮越之阳，引亢阳归阴，以滋肝脾肾三阴。针刺极泉穴、尺泽穴和委中穴，调元神，使之达明，顺阴阳，使之平衡，理气血，使之冲和，通经脉，使之畅达。诸穴同用，共奏醒脑开窍、滋补肝肾、活血化瘀和疏通经络之功能，在临床可收到独特的疗效。

针灸疗法历来重视选穴组方和针刺手法，尤其是针刺手法往往被视作取得临床疗效的关键。由于历代医家创造总结的许多针刺手法缺乏严格的操作规范和相应的量学指标，针灸医师也只能根据个人的临床经验加以把握，以至于针刺施术具有较大的随意性。在中风的治疗上，古代医家多以"疏通经络""风取三阳"法，故行针多以"补"法为主。石学敏院士基于中风病"窍闭神匿"之病机认识，提出行针施术以"泻"法为主，对配方组穴从进针方向、深度、手法、刺激量均做了明确的规定，并通过实验进行科学验证。这样使中医针灸个体化治疗向个性、共性并存发展，弥补了中医针灸治疗重复性差的不足，为提高临床疗效奠定了坚实的基础。

3. 中医特色疗法，收获神奇疗效

"醒脑开窍"针刺疗法的疗效关键在于严格的针灸处方、配穴和针刺量学手法以及其多层次和多靶点的作用途径，能够促进脑组织的代谢修复，改

善大脑生理功能，在提高中风康复率、减少致残率和降低死亡率等方面疗效显著。而将该针法应用于中风急性期的治疗，也取得了显著疗效，其中痊愈率56.73%，显效率17.41%，好转率21.3%。该法作为中风后遗症的治疗，临床基本治愈率达31.44%，显效率61.38%，总有效率98.84%。由此，醒脑开窍针法在中风病治疗中取得辉煌成绩，形成一套科学、系统、规范的治疗体系。在此基础上，石学敏院士进一步拓展该针法应用范围，将其用于各种失神病症如郁证、癫痫、百合病，以及痹证、痿证等的治疗，展现出该针法具有广泛应用范围的潜质及强大的生命力和实用价值。近年来，石学敏院士应用严格、系统的诊断标准对临床9005例各期中风患者采用醒脑开窍针法为主进行治疗，根据病情需要，辅以降颅压、抗感染、降血压西药治疗，采用国际公认的爱丁堡－斯堪的纳维亚疗效评价标准对疗效进行评价，其中脑出血3077例，脑梗死5928例，总有效率达98%以上，中风急性期患者4728例，总有效率95.44%，后遗症期773例，总有效率98.84%。经回顾性研究，其疗效明显优于中药、西药及其他针刺法。

以醒脑开窍疗法为主的石氏中风单元疗法中，另一个值得一提的就是丹芪偏瘫胶囊。该药为石学敏院士研究开发的国家6类新药，被广泛应用于中风的治疗。自2003年开始，国际知名科学团队与石学敏院士团队合作，针对丹芪偏瘫胶囊进行了安全性和疗效独立研究，并获得安全性和疗效数据。同时，为了明确丹芪偏瘫胶囊治疗卒中的机制，欧洲四位顶级科学家，包括诺贝尔奖获得者加入研究团队开展基础研究，发现丹芪偏瘫胶囊可以提高中风患者大脑中动脉血液流速，增加血流量，能诱导啮齿类模型动物和人类前庭神经元再生，促进细胞增殖和神经轴突增生，研究结果曾在国际上多个重要的主流医学学术会议上进

大师风采·石学敏

行报告。丹芪偏瘫胶囊成为中成药进入西方国家主流医学领域的典范案例。

（三）灸法养生，护佑百姓健康

据考证，灸法比针刺疗法的出现时间还要久远，可以追溯到旧石器时代。在《素问·异法方宜论》中有这样的记载："北方者，天地所闭藏之域也。其地高陵居，风寒冰冽，其民乐野处而乳食。脏寒生满病，其治宜灸焫。故灸焫者，亦从北方来。"我国北方山川纵横，地势高耸，冬季漫长又寒冷，远古先民依山露宿，靠生食牛羊和动物乳汁来获取足够的能量。时至今日，在我国内蒙古、宁夏等地仍然保持着这样的游牧生活方式。气候高寒加之过食生冷，常引起内脏受寒，出现腹痛腹寒、胀满不舒，人们运用火祛寒的同时也可能消胀止痛，是一种非常适用的治疗方式。这也充分印证了灸法产生的源头和最初的作用。

随着医疗实践的深入，人们逐渐认识到艾灸具有温经散寒、行气通络、扶阳固脱、升阳举陷等作用。《灵枢·官能》里有句话叫作"针之不为，灸之所宜"。意思是针刺所不能治疗的病症，艾灸疗法能够治疗。《扁鹊心书》记载："保命之法，灼艾第一，丹药第二，附子第三。"《医学入门·针灸》也说："药之不及，针之不到，必须灸之。"这些记载都证明，艾灸能弥补针药之不足，具有屡起沉疴、延年益寿的作用，其与汤药、针刺并列为

图2-100 灸疗

我国古代三大临床疗法之一而倍受历代医家的青睐。多项现代研究也证实，艾灸可以调整人体呼吸系统、免疫系统、循环系统、生殖系统等的功能，促进新陈代谢，增强免疫功能，尤其在慢性病、疑难病的治疗和预防保健方面具有十分显著的优势。

那么，小小艾灸到底蕴含有多大能量？它的科学内涵究竟有哪些？如何能用现代语言讲好千年艾灸故事？近百年来，以吴焕淦、余曙光、陈日新等为代表的中国科学家们围绕艾灸的临床疗效评价、艾灸起效的生物学机制、影响灸效的因素和艾灸的安全性评价等展开了深入细致的研究，为灸法的科学运用和国际化推广寻找有力证据。

1. 医书里的艾灸故事

数千年来，我国应用艾灸防病治病的历史从未间断。1972 年，在长沙马王堆汉墓中出土的医学帛书中，发现了两本成书年代可追溯至公元前 168 年以前的著作——《足臂十一脉灸经》和《阴阳十一脉灸经》，它们也是我国现存最早的医学文献。通过对其中三篇残缺不全的文字的研究，我们依然能够窥测远古先民以火治病的起源、方法和应用，这也是现存运用灸法治疗疾病的最早记载。此后的《黄帝内经》《五十二病方》《伤寒杂病论》《针灸甲乙经》《针灸大成》等医学著作中都有关于艾灸疗疾防疫、养生保健的记载。

《曹氏灸方》是我国已知最早的一部灸法专著，它的作者是一代枭雄曹操的孙子曹翕。相传曹操患有严重的头风，每次发作都让他痛不欲生，连当时的名医华佗也无法根治。曹翕精通艾灸之术，见到爷爷屡受头风的困扰，便尝试使用艾灸的方法来治疗，并以症状轻重来决定施灸壮数，经过一段时间的治疗，有效地缓解了曹操的头痛症。

晋代葛洪所著的《肘后备急方》详细记载了他的妻子鲍姑运用灸法治

疗疾病的"灸方九十九条"。鲍姑是中国历史上一位艾灸名人，她尤其擅长运用灸法医治赘瘤与赘疣等皮肤科病症，为百姓解除病痛，被尊称为"女仙""鲍仙姑"，至今在广州市的三元宫里还能看到专门为她建造的"鲍姑祠"。

《卫生宝鉴》的作者罗天益是金元四大家之一李东垣的得意门生。相传他任元代太医时曾随大军征战多年，在围夺扬州的战役中，运用艾灸足三里、气海的方法治愈了突然卧病不起的主帅忒木儿，避免了一场群龙无首的军情危机，助力元军一举扫荡南宋余乱，最后统一全国。

图 2-101
古人施灸图

艾灸最初以治疗阴寒性疾病为主，经过历代医家的不断实践与充实，如今治疗范围已扩充到内、外、妇、儿、皮肤病等各科，而且病症也已涉及寒、热、虚、实诸证。自 20 世纪 80 年代开始，我国科学家设计并实施了多项总数超万例的多中心临床研究，取得了艾灸治疗溃疡性结肠炎、肠易激综合征、高脂血症、类风湿关节炎、膝骨关节炎、腰椎间盘突出症等病症的有效循证证据，证实了艾灸的临床有效性。在此基础上，构建起艾灸"温通温补"理论，并从整体效应入手，通过神经传导途径、脑肠轴途径、细胞信号转导途径等多途径、多层次揭示其具有条件性、程度性、差异性和持续性的规律特点。

艾灸无论是治疗临床常见病还是在攻克疑难杂症方面，成功案例不胜枚举。我们以灸足三里穴为例：足三里是足阳明胃经上的穴位，中医认为该穴具有扶正培元、宁心安神、调理脾胃、通经活络等功能。现代研究也发现，足三里穴具有促进胃肠蠕动，提高多种消化酶活力，激活免疫炎性反应信号，调节局部与中枢双重机制产生免疫反应，改善肺通气功能，调节心率，双向良性调节垂体－肾上腺皮质系统等功能。如在治疗胃肠疾病中，艾灸足三里对缓解急性胃部疼痛，治疗溃疡性结肠炎、肠易激综合征等疾病都有很好的效果；在高血压的治疗中，艾灸足三里可以有效缓解因血压升高引起的眩晕、头痛等症状；在温通扶阳方面，艾灸足三里对治疗支气管哮喘、冻疮等虚寒性疾病有益处；在驻颜美容方面，艾灸足三里还可以有效淡化、分解面部黑色素沉着，消除水肿、眼袋、黑眼圈等，有效改善面部倦容；同时，还能治疗和预防中风、失眠、大骨节病、糖尿病、小儿夜啼等杂症，甚至对男科的遗精、阳痿，妇科的痛经、更年期综合征等均有一定疗效。正所谓"灸三里，治百病"。

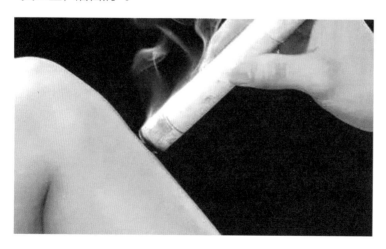

图 2-102
灸足三里穴
进行保健

"药王"孙思邈是我国唐代著名的养生大家和医学家，他尤其擅长用艾灸之法养生保健，据传活过百岁仍目聪耳明。孙思邈从小资质聪慧，幼年即能识千字、背古书，弱冠之年就精通老庄之道，精晓名家典籍，人称"圣童"。然而他"幼遭风冷，屡造医门，汤药之资罄尽家产"，因身患疾病而频繁请大夫诊治，耗费许多家财，也体会到了患者之苦，所以他立下宏志，专研医学以普度众生。

在长期的临床实践中，孙思邈十分推崇艾灸养生祛病的功效，提出"（身体）若要安，三里常不干"等经典论断，首先提出了"预防保健灸法"。他将艾灸作为调理身体的方法，常用足三里等保健要穴，甚至"艾火遍身烧"，来达到益寿延年的目的。据记载，唐太宗年间，70岁的孙思邈应召入宫，太宗皇帝观其容貌神色、体态身形如少年一般，十分感慨。到了90多岁时，孙思邈也依然能"视听不衰，神采甚茂"，过百岁后还能精力充沛，著书立传。

孙思邈之后，唐代医家王焘在《外台秘要》中提出："凡人年三十以上若不灸三里，令人气上眼暗，阳气逐渐衰弱，所以三里下气也。"宋代窦材所撰《扁鹊心书》也提道："人于无病时，常灸关元、气海、命门、中脘，虽未得长生，亦可保百余年寿矣。"《针灸大成》里则有灸足三里预防中风的记载。这些都强调了艾灸的养生保健作用。

时至今日，艾灸在养生保健中的应用更为常见。比如百姓常见的三伏灸、三九灸、节气灸等，就是将艾灸与时间医学相结合应用在保健养生方面的例证。在民间，流传着"冬治三九，夏治三伏"的说法，无论是在三伏天"冬病夏治"，还是在三九天"寒者热之"，都是在中医"邪之所凑，其气必虚"的理论指导下，借助艾灸驱散内伏寒邪，使气机升降正常，同时温补先后天之本，增强机体抗病能力，从而达到预防哮喘、过敏性鼻炎等疾病发生的目的。在我国南方地区，艾灸文化更加浓郁，还有诸如节气灸等保健养生项目。中医认为，在中国农历二十四节气时，是气候变化最明显的时节，这个时候也最易感患疾病或使病情加重。据医学统计，心脏病、中风、哮喘等疾病多发于节气前后和半夜。因此，在每个节气到来之际采用灸法养生保健，当外界环境及气候等因素发生变化时，人就不容易生病，这也印证了《黄帝内经》中"正气存内，邪不可干"的说法。

除此之外，现代中医学也在不断革新，针对艾灸具有养生保健的功效，研发出了多种养生灸法。如在督脉上结合巴戟天、淫羊藿等中药粉末共同敷灸，达到调阴合阳、通经活络、固肾壮阳、健脾和胃目的的火龙灸；以核桃壳为隔垫物，填充具有清肝明目作用的中药材，具有预防和纠正近视等功效的核桃灸。

图 2-103　梁繁荣教授在演示火龙灸

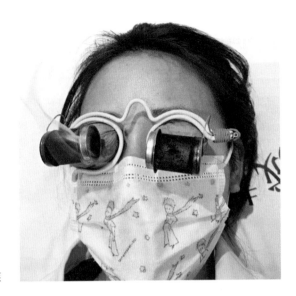

图 2-104 核桃灸治疗眼疾

2. 艾灸的科学秘密

艾灸疗法的主要材料是艾绒，而艾绒是由艾叶制作而成的。人类选择艾叶作为施灸材料并非一蹴而就，如《黄帝虾蟆经》中载有松、柏、竹、橘、榆、枳、桑、枣等八木不宜作为灸火之说，可见古人经过长期实践，才最终筛选出艾叶作为理想的施灸材料。现代研究也表明，与其他物质相比，艾叶是最佳的施灸材料，具体体现在以下三个方面。

首先，易于获得。艾是菊科蒿属植物。一方面，它的生长分布十分广泛。在我国，北至黑龙江，南至两广地区，西起四川、陕西，东至沿海各省都是艾草的适宜产区。另一方面，艾草对周围生长环境的要求极低，极易生长，普遍野生于路旁荒野，尤其是向阳且排水通畅的地方非常适宜生长。

艾草的道地药材产区为湖北蕲春，那里出产的蕲艾品质最佳。此外，还有河南汤阴的北艾，以及山东、安徽、河北等地产的艾叶，均为上品。各地艾叶是否有所不同？我国科学家们通过采集全国 20 个不同产地的艾叶，系统进行艾叶及艾绒的质量标准研究，并绘制出艾叶质量标准草案，标注了各地艾叶植物性状、显微鉴定和指纹图谱，以鉴别艾叶真伪。这在一定程度上提供了道地药材优效性的科学数据，为临床灸材的选用提供了研究数据。

图 2-105　由艾叶制成的艾绒（左）及新鲜艾叶（右）（引自《走进本草博物世界》）

其次，艾叶易燃。据考古学家考察，我国先民在钻木取火时常以艾绒作为引火材料，这种用艾绒来点火的方法，为艾灸的发明提供了必要的条件。西晋博物学家张华所著的《博物志》有载："肖冰令圆，举而向日，以艾承其影，则得火，故名冰台。"正因其易点燃、热力足的特点，古人又将其称为"冰台"。艾绒燃烧时，中心温度可达 183℃，其热力强劲，有很好的透穴、通脉功效。

再次，艾有药性。艾叶性温，味苦、辛，无论入汤药内服或是制成艾绒外用，均有疗效。《本草纲目》中记载："艾叶生温熟热，纯阳也。可以取太阳真火，可以回垂绝元阳。"中医认为，艾叶具有理气血、逐寒湿、温经止血、安胎的功效。

现代研究发现，艾叶的主要成分是挥发油类物质，目前已鉴定出 40 余种物质，以小分子萜类化合物为主，9 种主要挥发性成分为桉叶油醇、侧柏酮、菊槐酮、樟脑、龙脑、4- 萜烯醇、石竹烯、石竹素、刺柏脑。这些挥发油在燃烧时，具有抗炎和抗过敏的作用。艾叶中还含有锶、铬、钴、铁等多种微量元素。

研究还发现，不同年份、不同比例的艾绒挥发油含量和功效也有所不同。年份越久的艾中含有的易挥发成分相对越少，难挥发成分相对较高。在以腹泻型肠易激综合征为载体的临床研究中发现，陈艾与新艾在临床总有效率、症状改善等方面比较，前者显示出明显优势。

在施灸治疗的过程中，艾灸产生的温热感、光辐射、烟雾等都被认为是艾灸起效的重要因素。我国科学家基于国家重点基础研究发展计划等项目，综合运用光谱学技术、红外热成像技术、脑功能成像技术、代谢组学技术、TOF-MS 分析技术等多学科技术手段，开展艾灸作用机理与临床的研究。

相传三国时期，蜀国军师诸葛亮一次带兵远征过程中经过一个荒凉之地，士兵们饥渴难耐但却找不到水源。于是诸葛亮命士兵在方圆十里内，每隔十丈挖一小坑，并将艾草放在坑里点燃，如有雾气冒出说明可在此地挖出水。后人问诸葛亮为何能知冒气之处必有水源，诸葛亮说："古医书有云，艾燃烧之热往下而行，当艾燃烧时将地下水烤热，水化成水蒸气透出地面，便可以断定此处定有水源。"人体经络如地下水脉，作为艾灸燃烧中最显著的特点，温热性刺激能引起生理学炎症反应，启动机体一系列的自我调节。

艾灸作为一种热性疗法，除了能针对寒性病证进行治疗外，也可以治疗实热证。《灵枢·背腧》有"以火泻者，疾吹其火"的治疗原则，就是指导医生在治疗脏腑实热、湿热、热毒蕴结之证时，可以用吹气的方式使艾炷燃烧更旺来达到"引热外行"的目的。同时，"雀啄灸"作为一种艾灸操作手法，其在施灸部位做一上一下、忽近忽远、形如雀啄的灸疗手法，对热痹等也能起到行气活血、宣痹镇痛的效果。这种看似"火上浇油"的做法是否真的有效？这其中的科学原理又是什么呢？

随着对艾灸起效作用研究的深入，科研人员发现艾灸除了产生温热刺激以外，燃烧时产生的光辐射也有治愈疾病的功效。从生物电磁学的角度来看，这种非热的生物效应其实是一种光谱辐射效应。在施灸过程中，借助吹气和快速的上下移动，艾炷燃烧更旺盛，光辐射量更大，但由于皮肤导热系数低，机体局部表皮升温不明显。这样的操作使光辐射增强的同时又避免了皮温升高过多，类似于现代物理疗法中采用短波疗法来治疗急性炎症时为避免热效应而采用的高强度、短时间的方法。

从先人彭祖脐灸法、孙思邈"蒸脐"，再到现在的隔姜蒜灸、隔盐灸、隔药灸等，隔物灸在临床中十分常见，并且发挥了独特的作用。通过综合运用生物传热学、红外物理学、生物信息学等技术方法，发现传统隔物灸与人体穴位红外辐射光谱十分相似，可引起穴位对传统隔物灸的共振吸收，阐明了传统隔物灸取得临床疗效的科学基础。

燃艾过程中产生的艾烟常常被现代人避之不及，然而艾烟自古就被认为是艾灸起效的关键因素之一。《庄子》中有关于"越人熏之以艾"的记载，《肘后备急方》中有关于艾烟消毒的方法："断瘟病令不相染，密以艾灸病人床四角，各一壮，佳也。"近代中医名家承淡安先生也曾说："艾灸的特殊作用，不仅在于热，更在于其特有的芳香气味。"

我国科学家采用固相微萃取－气相色谱－质谱联用技术测定艾烟的主要成分，发现艾烟与其他如香烟、棉花等燃烧产生的烟气成分有显著差异。艾烟的化学成分包括含呋喃结构的化合物、芳香族化合物（多为小分子芳香烃类）及一些酯类、烃类和含羟基类的化合物，风险物质苯酚、邻位甲酚、萘的浓度远低于国家限定标准，没有检测出苯并芘等毒性物质。在此基础上，科学家绘制出艾烟的指纹图谱和数字特征图谱，并建立了艾燃烧生成物的化学评价与控制模型。

研究发现，艾烟影响机体有两种方式：经皮肤吸收渗入机体和通过嗅觉通路刺激大脑活动。高温加热产生的艾叶挥发油成分，可以直接破坏蛋白质上的巯基、氨基等部位，使细菌的活性成分因为代谢异常而死亡，其效果与福尔马林相似，并且通过产生的大量烟雾，可以把艾草中的活性成分散播到空气当中，对空气中的病原体具有杀灭或者抑制作用。有研究报道，艾烟熏 30 ~ 60 分钟对金黄色葡萄球菌、乙型溶血性链球菌、大肠杆菌、白喉杆菌、伤寒及副伤寒杆菌、结核杆菌、铜绿假单胞菌等 14 种致病菌有不同程度的杀灭作用，对腺病毒、鼻病毒、腮腺炎病毒、流感病毒、疱疹病毒等也有一定的抑制作用。

多个研究也表明，艾烟还能够提高机体内单胺类、氨基酸类等多种神经递质或其代谢产物的含量，提高学习记忆能力和抗氧化能力，改善脑老化现象，从而起到抗衰老的作用。此外，艾烟还能显著提高血清中低密度脂蛋白受体等的含量而改善脂类代谢，同时通过降低动脉粥样硬化病变过程中的炎性反应，起到改善心脑血管疾病的作用。

3. 旧艾新说——热敏灸

艾灸治病是以燃烧的艾来刺激体表特定部位，以激发人体的自我调节功能，最终达到防病治病的目的。如何准确找到体表特定点，是艾灸起效的又一关键。在长期的实践过程中，中医认识到疾病反应点的部分特性及其与疾病相对特异性的联系，从而产生了穴位的概念。科学家们围绕穴位展开了大量研究，通过对穴位特异性效应和穴位敏化状态的研究，初步证实了穴位特异性的存在和它所具有的功能态。

自古以来，中医学家都认为穴位存在并随着机体的生理病理状态而呈现出多种表现形式。比如压痛点，《灵枢·经筋》反复提及"以痛为输"。另外一种情况就是可能出现皮下结节，如《灵枢·骨空论》说的"切之坚痛如筋者"。这些特定部位出现的特殊变化，既是针灸施术的着力点，也是疾病诊察的关键点。

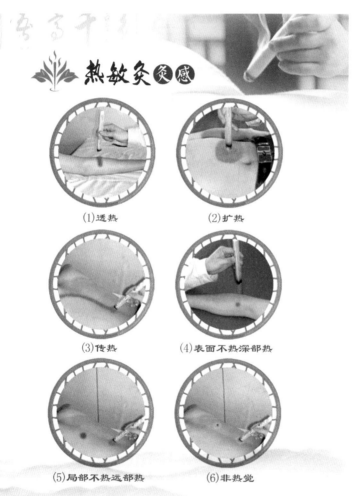

(1)透热　　　　　(2)扩热

(3)传热　　　　　(4)表面不热深部热

(5)局部不热远部热　　(6)非热觉

图 2-106　热敏灸灸感说明

现代研究也发现，在生理状态下人们并不能明显地感受到穴位的存在，但在病理状态下，与疾病相关的穴位会"活化"，如部分穴位局部电阻变低、压痛明显、皮温变化等，现代科学家把这一现象命名为穴位的敏化。在对艾灸进行研究的过程中，科学家们发现将艾条悬挂在部分穴位上方一定位置，保持长时间施灸后，患者感觉局部表皮不热但深层组织热，施灸局部不热但远处出现热感，长期施灸但不感到灼痛反而感觉舒适的现象，而在这些特定部位以外的其他区域进行相同操作，则不会出现深透远传的现象，这就是热敏现象。科学家们把出现透热、扩热、传热、局部不（微）热远部热、表面不（微）热深部热或其他如酸胀压痛等非热感觉的特殊穴位称为热敏穴，并归纳出热敏穴具有喜热、耐热、透热、传热的特性。

在进一步的研究中，我国科学家发现对热敏穴施灸更容易激发出感传现象，甚至气至病所。采用灸感与红外联合法对颈椎病、腰椎间盘突出症、骨性关节炎、过敏性鼻炎、支气管哮喘、肠易激综合征、周围性面瘫、痛经等8种病症进行了总样本量为720例的临床研究，在与健康受试者进行对照后发现，穴位对艾灸温热刺激的反应呈现热敏现象，腧穴热敏态的存在具有普遍性。通过系统研究，科学家们阐明了穴位热敏现象具有普遍性、动态性、与疾病状态的相关性，绘制出21种不同病症的热敏穴位高发区分布图，揭示了腧穴热敏态新内涵，完善和丰富了腧穴学与灸疗学理论。

在施灸过程中，如何选择更加有效的穴位，采用多大的艾灸剂量进行治疗一直是困扰艾灸标准化实施的因素。在经过我国科学家长期研究和反复临床验证后，得出了一套科学合理的热敏灸"灸位"规律和"灸量"规律。

古代医家常以患者年龄、病情轻重、施灸部位等作为灸量依据，如"灸有生熟""大病灸百壮，小病不过三五七壮"等。在经过反复实验比对和临床验证后，科学家们提出消敏灸量是个体化充足灸量，优于每穴15分钟常规固定灸量。个体化充足灸量，就是因人因病因穴而不同，以个体化的热敏灸感消失为度确定施灸时间，选择最合适的个体化充足灸量。

通过大量的实验研究，科学家们发现并证实了穴位热敏是艾灸起效的重要环节，初步揭示了灸疗热敏的生物学基础，并总结出辨敏选穴优于辨证选穴的"灸位"新规律以指导临床。相信随着现代科技的进一步发展，艾灸这一具有鲜明中国烙印的古老治疗方法一定能焕发出更大的生命力，为全世界人民提供更加科学有效的中医方案，在护佑百姓健康中扮演更加重要的角色。

七、现代科技助力，推进中药现代化

（一）古籍取经，青蒿素挽救千万生命

青蒿素是从传统中药青蒿中提取的抗疟成分。青蒿素及其衍生物、复方制剂的应用为全球疟疾耐药性难题提供了有效的解决方案。青蒿素及其衍生物作为全球疟疾治疗的首选药物，解除了数千万疟疾患者的病痛。正如屠呦呦在诺贝尔生理学或医学奖颁奖现场的获奖感言中所说，青蒿素是中医药贡献给世界的一份礼物。青蒿素的研制成功，是研究团队多年集体公关的成绩，青蒿素的获奖，是中国科学家的集体荣誉。

1. 特殊时代的使命

青蒿素的研发是一个任务（"523任务"）带动科研和学科发展的典型案

例，是国家需要与科学研究相互促进的结果。

疟疾是人类最古老的疾病之一，至今依然是全球广泛关注且亟待解决的重要公共卫生问题。在第二次世界大战之后的几年里，强力杀虫剂双对氯苯基三氯乙烷（DDT）和氯喹等新型抗疟药物的研制和应用使疟疾防治工作取得了巨大进展。然而，WTO 于 20 世纪 50 年代在世界各地抗击疟疾的运动中遇到了耐药性相关挑战。耐药问题的出现导致疟疾再次暴发，特别是在东南亚和撒哈拉以南非洲地区尤为严重。人们对于新型抗疟药物的需求变得十分迫切。

随着越南战争的逐步升级，交战双方被抗氯喹恶性疟困扰，导致作战部队大量减员。为此，美国投入大量的人力、物力来研究疟疾，主要目标是寻找新型的抗疟药物。其中，美国华尔特里德陆军医学研究所（Walter Reed Army Medical Institue）从 20 世纪 60 年代末开始研究抗疟药物，但未获预期结果。1964 年，越共中央领导请求中国帮助解决疟疾防治问题。中方派出研究人员进行了近 2 年的现场调查及实地救助，意识到疟疾防治的迫切性与复杂性。因此，国家科委和中国人民解放军总后勤部于 1967 年 5 月 23～30 日在北京组织召开有关部委、军委直属机构和有关省、直辖市、自治区、军区领导及有关单位负责人参加的全国疟疾防治药物研究大协作会议，并提出开展全国疟疾防治药物研究的大协作工作。由于这是一项紧急的军工任务，为了保密起见，遂以开会日期为代号，简称"523 任务"。中医研究院接受任务，并交由所属的中药研究所完成，任命屠呦呦为中药抗疟科研组组长，由此开启了青蒿素的发现之旅。

2. 来自古代典籍的启发

中医古代典籍关于疟疾的记载可以追溯到几千年前，青蒿作为抗疟药物的使用也是如此。首次提到青蒿用于疟疾治疗可以追溯到东晋葛洪的《肘后备急方》，随后青蒿和其他药物在疟疾防治中的应用记载散见于中国一系列医学著作中，其中包括颇具影响力的《本草纲目》。这些丰富的古籍记载对于青蒿素的发现和研制做出了巨大贡献。

屠呦呦和她的同事们广泛收集、整理历代医籍，并从本草文献入手，查阅群众献方，请教老中医专家，仅用了 3 个月时间，就收集到 2000 多个抗疟方剂，并以此为基础挑选出 640 个方剂编辑成册。但其后的药物筛选结果并不理想。后来科研组扩大了筛选的范围，屠呦呦负责植物药的筛选。在1971 年，青蒿的提取物引起了屠呦呦的特别关注，因为它产生了理想但不稳定的对疟疾病原菌的抑制作用。这一发现促使他们对文献进行了重新审视，这可能是发现青蒿素过程中最重要的突破。

图 2-107　屠呦呦（前右）与老师楼之岑院士一起做研究

为此，屠呦呦带着问题再次请教中医专家，并对青蒿历代文献记载进行了重新温习。青蒿在中国的应用首次记载于《神农本草经》中，治疗疟疾则始于东晋葛洪的《肘后备急方》，明代李时珍的《本草纲目》中对青蒿的记载除有前人的经验外，还记载了其治疗寒热诸疟的实践。而葛洪的《肘后备急方》中"青蒿一握，以水二升渍，绞取汁，尽服之"的描述给了屠呦呦很大

图 2-108　黄花蒿原植物

的启发，她突然领悟到，之前对青蒿有效成分的提取常用水煎煮或者乙醇提取，但是效果不好，而古人是以"绞汁"的方法取汁服用，可能青蒿中的有效成分与提取温度有一定关系。她还想到，只有嫩叶才能绞出汁来，这可能涉及药用部位问题。于是，课题组重新设计了以乙醚低温提取青蒿有效成分的方案，结果发现，青蒿乙醚提取物对鼠疟模型有较高的效价。在 1971 年 10 月前后进行的实验中，该提取物对鼠类疟疾显示出了 100% 的惊人疗效。这一结果在同年 12 月底的猴疟疾实验中得到了重现，从而毫无疑问地确认了青蒿提取物的有效性。

虽然已经取得突破性进展，但药物开发的征程还远未完成。当时中国的

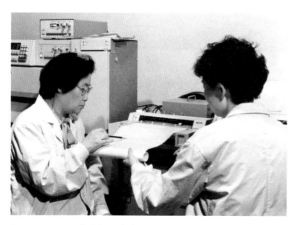

图 2-109　屠呦呦与同事在工作

情况导致新药临床试验难以开展，无法确定其对人体是否安全有效。且疟疾研究具有季节性和时间敏感性，为了加快研究进程，屠呦呦及其同事决定自愿成为第一批进行毒性和剂量探索试验的受试者。这一试验确认了青蒿提取物对人体的安全性，并使更大规模的临床试验能够在1972 年下半年顺利进行。这些临床试验在海南省和北京的中国人民解放军302 医院（现并入中国人民解放军总医院第五医学中心）开展。实验结果表明，青蒿素乙醚中性提取物首次临床试验对 30 名疟疾患者全部有效。这一结果引起了业界的极大关注。

3. 青蒿素的发现

　　发现有抗疟活性的青蒿乙醚中性提取物以后，屠呦呦及其课题组便开始进行有效成分的分离提纯工作。1972 年，屠呦呦团队按文献提供的方法获得少量的针状结晶，编号为"针晶Ⅰ""针晶Ⅱ""结晶Ⅲ"；经鼠疟实验证明，"针晶Ⅱ"是唯一有抗疟作用的有效单体。此后，中药研究所向"全国 523 办公室"汇报时，将抗疟有效成分"针晶Ⅱ"改称为"青蒿素Ⅱ"，有时也称青蒿素，两个名字经常混着用。再后来，中药研究所均称"青蒿素Ⅱ"为青蒿素。

　　从 1973 年初到 1973 年 5 月，中医研究院中药研究所已提取、获得青蒿素纯品 100 余克。屠呦呦将其一部分用于青蒿素的化学研究，一部分用于临床前的安全性试验，一部分用于制备临床观察用药，少部分留做备用。当人们翘首期盼青蒿素试验结果通过后，新一代抗疟药即将诞生之际，青蒿素的临床验证却遭遇一波三折。中药研究所的同事把青蒿素片剂送到海南用于临床验证过程中发现，其治疗效果很不理想。消息传回北京，大家都感到十分意外，便开始查找原因。经排查发现，所使用的片剂质地很硬，不利于片子崩解，影响药物的吸收，因此讨论决定用青蒿素原粉直接装胶囊，结果经胶囊剂治疗的病例全部有效，未见明显副作用。

1973 年初，中药研究所开始着手对青蒿素进行结构测定，由于他们的化学研究力量和仪器设备薄弱，结果不太理想。研究所了解到中国科学院上海有机化学研究所（以下简称"有机所"）的刘铸晋对萜类化合物的研究有较多经验，于是派人与有机所联系，希望协作进行青蒿素的结构测定。为此，屠呦呦于 1973 年 8 月下旬携带有关资料到有机所联系青蒿素结构测定事宜。刘铸晋因有其他工作而将青蒿素结构测定工作交由周维善负责。自 1974 年 2 月到 1976 年间，中药研究所先后派出倪慕云、钟裕蓉、樊菊芬和刘静明到有机所参与结构测定工作。她们在上海做实验的同时及时将进展告诉在北京的屠呦呦等人。针对无法解决的问题屠呦呦等通过向药物化学专家林启寿、有机化学专家梁晓天等请教、沟通，再将解决方案汇总反馈给上海的工作人员，为结构测定工作提供参考。

屠呦呦等于 1975 年与中国科学院生物物理研究所（以下简称"生物物理所"）取得联系并开展协作，用当时国内

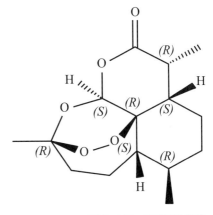

图 2-110 青蒿素的结构

先进的 X 衍射方法测定青蒿素的化学结构。完整、确切的青蒿素结构最后是由生物物理所的李鹏飞、梁丽等人在化学结构推断的基础上，利用生物物理所的四圆 X 射线衍射仪，测得了一组青蒿素晶体的衍射强度数据。研究人员最终得到了青蒿素的晶体结构；后经梁丽等人的测定，确立了青蒿素的绝对构型。

青蒿素的化学结构与当时已知的抗疟药结构完全不同，它是一个含有过氧基团的倍半萜内酯。分子中有 7 个手性中心，包含有 1，2，4- 三噁烷结构单元及特殊的碳、氧原子相间的链。

4. 青蒿素的结构改造

大量临床结果证明，青蒿素对疟疾治疗具有速效、低毒的特点，但是用后的疟疾"复燃率"很高，而且只能口服。为解决青蒿素生物利用度低、复燃率高及因溶解度小而难以制成注射剂用于抢救重症患者的问题，"全国 523 办公室"于 1976 年 2 月将青蒿素结构改造的任务下达给中国科学院上海药物研究所（以下简称"上海药物所"）。

上海药物所接受任务后，将合成化学室、植物化学室、药理室的"523 研究小组"做了具体分工。由植物化学室对青蒿素的化学结构进行较剧烈的改造，合成化学室进行结构小改造，制备的化合物由药理室在鼠疟模型上进行抗疟活性试验。植物化学室原希望通过一系列化学反应发现有效化学基团，但实验证明将分子结构进行剧烈改变后即失去疗效。植物化学室研究人员还进行了青蒿素体内代谢转化的研究，希望发现有效结构的线索。但研究证明，青蒿素口服吸收效果不好，多以原型药排出体外。青蒿素在人体内代谢后的转化物均无抗疟活性，而代谢转化物失去过氧基是失活化的过程。合成化学室研究人员开始对青蒿素中过氧基团的作用进行研究。他们通过钯碳氢化还原制成脱氧青蒿素，发现缺少了过氧基团的青蒿素也失去了抗疟活性。之后他们又合成了一些简单的过氧化物，但抗疟效果都很低，表明青蒿素母核也是不能忽略的。通过化学改造制成的双氢青蒿素，其抗疟效果虽然是青蒿素的 2 倍，但它的溶解性能没有改善。为此合成化学室研究人员设计并合成了双氢青蒿素的醚类、羧酸酯类及碳酸酯类三类衍生物。经抗鼠疟试验证明，多数衍生物的抗疟活性超过了青蒿素，如甲醚衍生物 SM224 的活性是青蒿素的 6 倍，乙醚衍生物是青蒿素的 3 倍；而不少羧酸酯和碳酸酯类衍生物是青蒿素抗疟活性的 10 倍以上。在上述三类衍生物中各选出一个抗疟活性最好的化合物，进行大动物毒性试验。由于植物化学室在进行结构改造过程中，也曾合成过甲醚衍生物，方法更简便，所以即由植物化学室提供醚类衍生物，合成化学室提供羧酸酯类衍生物及碳酸酯类衍生物。根据毒性试验结果及它们的稳定性、溶解度及生产成本等因素，最终选择醚类化合物 SM224 作为候选药，定名为"蒿甲醚"。上海药物所对蒿甲醚的吸

图 2-111　1982 年 10 月，屠呦呦参加全国科技奖励大会并领取发明证书及奖状

收、分布、排泄、药物代谢动力学等进行了研究，这些资料为蒿甲醚的临床试用提供了依据。

各地使用蒿甲醚后认为它有"两个独到"，即治疗抗氯喹恶性疟有独到之处，在制剂与效价上比青蒿素有独到之处；"两个可靠"，即治疗危重型疟疾的疗效迅速可靠，治疗恶性疟疗效可靠；"两个受欢迎"，即由于制剂工艺的改进，注射部位不再肿痛，患者愿意打针，医护人员乐意用药。因此，蒿甲醚确实是治疗疟疾的全新武器。至今在全世界已应用二十余年，尚未发现抗药性。

青蒿素在四川、重庆、云南一带所产的黄花蒿中含量较高，容易提取。在"全国523办公室"的安排下，由上海药物所植化室"523组"的同志到昆明制药厂进行中试。1987年，中国正式批准蒿甲醚的生产和出口。同时，国内还研制成功青蒿琥酯及双氢青蒿素，并先后批准生产。

5. 青蒿素的推广应用

1972年11月，屠呦呦所在的中药研究所团队从青蒿中分离出活性成分青蒿素后，又开发了双氢青蒿素（DHA），其仍然是当今最具药理学活性的青蒿素衍生物之一。在随后的10年里，屠呦呦研究团队与全国其他研究所合作，进一步开展了一系列药物开发的基础工作，其中包括确定青蒿素的立体结构并开发出更多的青蒿素衍生物。1981年在北京举行的疟疾化学治疗科学工作组第四次会议上，屠呦呦首次公布了这些研究成果而使青蒿素的研究达到高潮。中国青蒿合作课题组在1982年发表了一系列青蒿素及其衍生物抗疟的相关论文。

在20世纪80年代初期，由于对国外药品注册信息了解不多、国外生产厂商的种种担心及国内药物生产标准还不能符合国际标准等原因，国内抗疟药打入国际市场成了一个难题。在军事医学科学院科研人员和国家有关部委的努力下，1989 年上半年，由国家科委牵头，会同国家药监局、卫生部、农业部和经贸部共同召开了"关于推广和开发青蒿素类抗疟药国际市场"的工作座谈会，以前"全国 523 办公室"秘书周克鼎以青蒿素指导委员会委员兼秘书的身份参加了此次会议。在会上，他详细介绍了具体方案，并得到与会者一致认可。会议决定抗疟药国际开发归口国家科委负责，从此推广和开发青蒿素类抗疟药国际市场的工作在国家科委统一领导下进行。1989 年下半年，国家科委社会发展司分别与国内大型国有外贸公司签订了《开拓青蒿素类抗疟药国际市场合同》。经多方的努力，克服种种困难之后，1994 年 9 月 20 日，瑞士汽巴嘉基有限公司（现瑞士诺华公司的前身之一）和中方正式签署《青蒿素许可和开发协议》，并于 10 月 17 日得到国家科委社会发展司的批准。12 月 2 日，双方联合召开新闻发布会宣布"中瑞双方合作研制开发新一代青蒿素系列抗疟药"。经过十几年的摸索与努力，青蒿素系列抗疟药终于成功打入国际市场，这也是中国第一个自主研发打入国际市场的药物。

青蒿素及其衍生物成功地治愈了成千上万的疟疾患者，也传播到疟疾重灾区非洲。有证据表明，以青蒿素为基础的治疗，特别是与作用较慢的抗疟药如甲氟喹或哌喹联合使用，可显著促进疟原虫的清除，并迅速缓解恶性疟原虫感染的症状。与此同时，青蒿素对于耐药疟原虫的治疗作用也十分显著，且关于其毒性和安全问题的报道很少。经过十多年的独立随机临床研究和统计学分析，青蒿素类药物的疗效和安全性越发明晰。最终，在 2006 年，WHO 宣布改变其原有的治疗疟疾战略，改用青蒿素联合疗法（ACT）作为治疗疟疾的一线疗法。目前，ACT 仍然是最有效和最推荐的抗疟疗法。

6. 青蒿素取得的成绩

抗疟新药青蒿素及其衍生物的发现与应用，受到我国政府的高度评价，1978 年 3 月，全国科学大会奖分别授予中医研究院中药研究所等 4 家参与青蒿素研发的单位。1979 年，国家发明奖二等奖授予以中医研究院为首的 6 家主要发明单位。之后，青蒿素的衍生物双氢青蒿素获得 1992 年全国十大科技成就奖等国家级荣誉。

美国拉斯克医学奖被誉为"诺贝尔风向标"，2011 年屠呦呦获得了该奖项。拉斯克医学奖评委会给出的获奖理由是："屠呦呦领导的团队将一种古老的中医疗法转化为最强有力的抗疟药物，在全球特别是发展中国家挽救了数百万人的生命。"此后的 2015 年 10 月 5 日，屠呦呦荣获 2015 年诺贝尔生理学或医学奖。评选委员会认为："由寄生虫引发的疾病困扰了人类几千年，构成了重大的全球健康问题。屠呦呦发现的青蒿素应用在治疗中，使疟疾患者死亡率显著下降，获奖成果在改善人类健康和减少患者病痛方面

图 2-112　2015 年 10 月，瑞典国王卡尔·古斯塔夫给屠呦呦颁发 2015 年诺贝尔生理学或医学奖

的价值无法估量。"

屠呦呦和她的科研同事们在青蒿素的研制之路上已经奋斗了 40 余年，在获得这一巨大的荣誉之后，85 岁的屠呦呦并没有停下科研的脚步，而是针对近年来青蒿素在全球部分地区出现的"抗药性"难题，带领团队继续攻坚克难，在抗疟机理研究、抗药性成因、调整治疗手段等方面已获新突破，提出新的治疗方案。2019 年 1 月，在英国 BBC 相关栏目发起的"20 世纪最伟大人物"评选活动中，屠呦呦与居里夫人、爱因斯坦及艾伦·图灵共同进入科学家领域候选人名单。2019 年 10 月，联合国教科文组织公布了 2019 年度联合国教科文组织－赤道几内亚国际生命科学研究奖获奖名单，共 3 人获奖，屠呦呦名列其中。

屠呦呦团队对于青蒿素的研究进展深刻表明，科学研究永无止境，正如屠呦呦所说："中医药不是中国人的独享，应该在'健康丝绸之路'等领域发挥更大作用，给全人类健康提供中国智慧、中国经验、中国方案。"

大师风采·屠呦呦

（二）以毒攻毒，三氧化二砷治愈白血病

砷在元素周期表中是第 33 号元素，在自然界中以化合物的形式存在，无机砷主要有红砷（四硫化四砷，俗称雄黄）、黄砷（三硫化二砷，俗称雌黄）及经过提炼的白砷（三氧化二砷，俗称砒霜）。长期以来，砷的医学价值和人体毒性可看成是一把双刃剑。《本草纲目》载"砒乃大热大毒之药，而砒霜之毒尤烈"。但历代本草古籍中均将砒霜列为"以毒攻毒"之良药。哈尔滨医科大学附属第一医院张亭栋教授，是全国使用民间偏方——砒霜治白血病的第一人，他和科研人员研制发明的三氧化二砷注射液已成为治疗急

性早幼粒细胞白血病（acute promyelocytic leukemia，APL）最有效的药物之一。这是中国学者研究中医"以毒攻毒"医理和运用"以毒攻毒"中药治疗癌症获得成功的继承创新典范。

1. 砷的药用历史溯源

早在中医经典著作《黄帝内经》中就有砷剂治疗疾病的记载，书中介绍了砷丸对疟疾相关周期性发热的治疗。在中国最早的本草著作《神农本草经》中记载了雄黄可以治疗类似痈的皮肤病。明代李时珍的《本草纲目》更是有砒石"烂肉，蚀瘀腐瘰疬"的记录。除中国以外，2000多年前在西方，古希腊的希波克拉底也曾应用雄黄、雌黄治疗皮肤溃疡。其后另一位希腊医生迪奥斯科里季斯指出，砷剂虽然可以引起脱发，但是同时可以清除疥疮、虱子和许多可能发展为癌症的皮肤病变。由此可见，用砷剂解毒，治疗皮肤病及癌症自古有之，但是真正进行系统、科学的研究，并得到广泛的认可和推广，还是要从一次偶然的事件说起。

2. 三氧化二砷的发现

20世纪60年代中期至70年代中期，中国出台了一系列政策，其中一个政策是为改善农村医疗条件，从城市医院派遣"流动医疗队"到乡村服务，医疗队走访多个村庄，医疗队成员轮换；另一个政策是强调中国传统医药的作用。这两项政策的交汇导致当时很多具有很好疗效的偏方被发现，三氧化二砷的发现就得益于此。

1971年3月，哈尔滨医科大学第一附属医院的朝鲜族药师韩太云在巡回医疗过程中偶然发现一个由砒霜、轻粉（氯化亚汞）和蟾酥配伍而成的方子可以治疗淋巴结核和癌症。韩太云将它们改制成水溶性针剂，称"713"（因发现时间是7月13日，故名）或癌灵注射液。该药物通过肌内注射，对某些肿瘤病例见效，并在当地风行一时，但因毒性太大最终被弃用。但是，当时黑龙江省卫生系统正进行挖掘、收集、整理抗癌中草药及民间验方、秘方工作。黑龙江省卫生厅肿瘤防治办公室得知这一消息后，便任命哈尔滨医科大学第一附属医院中医科主任张亭栋教授为专家组组长，带队下乡"采风探秘"，了解实情。调查过程中，在公社卫生院住院的多位经用砒霜、轻粉、蟾酥配制的验方治疗的食管癌、子宫颈癌、大肠癌、肝癌患者，纷纷向省城来的专家诉说病情：食管癌患者能喝水吃馒头了，大肠癌患者不便血了，子宫颈癌患者的分泌物减少了，肝癌患者不疼了。于是，这个偏方被带回了哈尔滨医科大学第一附属医院，张亭栋和他的同事们与韩太云合作，开始了漫长的探索研究。

3. 癌灵 1 号的临床研究

1972 年后，张亭栋一方面在韩太云的帮助和配合下，根据中医辨证施治理论，探索了含砒石、氯化汞等复合物的制剂治疗白血病的疗效，另一方面分别检测癌灵注射液的组分。结果发现只要有砒霜就有效，而轻粉会带来肾脏毒性，蟾酥会带来升高血压的副作用，且后两者无治疗作用。

图 2-113　张亭栋教授

1973 年，张亭栋、张鹏飞、王守仁、韩太云在《黑龙江医药》上报道了他们用癌灵注射液（以后也称癌灵 1 号）治疗 6 例慢性粒细胞白血病患者。经过治疗，6 名患者症状都有改善，其中一例发生急性变的患者也有效。该文还提到仍在研究对急性白血病的治疗效果。1974

年，他们以哈尔滨医科大学第一附属医院中医科和检验科署名，在《哈尔滨医科大学学报》发表《癌灵 1 号注射液与辨证论治对 17 例白血病的疗效观察》，总结了从 1973 年 1 月～1974 年 4 月对不同类型白血病的治疗效果，发现"癌灵 1 号"对多种白血病均有效，其中对急性白血病可以达到完全缓解。1976 年，哈尔滨医科大学第一附属医院中医科曾撰文《中西医结合治疗急性白血病完全缓解 5 例临床观察》，介绍 5 例经治疗后完全缓解患者的诊治过程及各种临床表现。1979 年，荣福祥和张亭栋在《新医药杂志》上报道"癌灵 1 号"治疗后存活 4 年半和 3 年的 2 名患者，皆为急性粒细胞白血病。1979 年，张亭栋和荣福祥在《黑龙江医药》发表他们当年的第 2 篇论文，题为《癌灵 1 号注射液与辨证论治治疗急性粒细胞白血病》，总结他们从 1973～1978 年治疗的急性粒细胞白血病共 55 例。其中 1973～1974 年单用"癌灵 1 号"治疗 23 例，1975～1976 年用"癌灵 1 号"加其他中药和少量化疗药物治疗 20 例，1977～1978 年用"癌灵 1 号"加其他中药和少量化疗药治疗 12 例。对每一个病例，他们都根据血象分型观察疗效。55 例患者的骨髓象、血象、临床表现，都有不同程度好转。总缓解率为 70%，其中 12 例达到完全缓解。

1979 年，张亭栋首次明确提出了癌灵 1 号的有效成分是三氧化二砷，同时提出，癌灵 1 号对 APL 效果最好。经过多年的艰苦研究和探索，临床与实验研究相结合，对原验方药物组成逐一筛选，从复方到单味中药砒霜，再到化学提纯的三氧化二砷制剂，终于研制成功"以毒攻毒"的"癌灵 1 号"注射液。

4. 三氧化二砷的机制研究

1985 年，上海第二医科大学（现上海交大医学院）王振义教授用全反式维甲酸治愈 1 例 5 岁白血病儿童。1987 年，王振义课题组在英文版《中华医学杂志》上报道，用全反式维甲酸（合用其他化疗药物或单独使用）治疗 6 例 APL 患者。1988 年，王振义课题组在美国 *Blood* 杂志发表论文，总结他们用全反式维甲酸治疗 24 例 APL 患者，获得完全缓解。这篇论文使全反式维甲酸治疗 APL 经验在国内外得到重复和推广，为 APL 患者带来福音。20 世纪八九十年代，张亭栋和他的同事们在哈尔滨对白血病的治疗研究不断深入，三氧化二砷虽然可以治疗白血病，但其治病机理还难以表达清楚；同样研究该课题的王振义院士和陈竺、陈赛娟邀请张亭栋前往合作攻关，开启了一系列研究工作。

图 2-114　王振义（中）、陈竺（右）、陈赛娟（左）讨论急性早幼粒细胞白血病治疗方案

他们从分子水平和细胞水平研究了三氧化二砷治疗 APL 的机理，揭示了砷剂是如何作用于 APL 致病因子，将白血病细胞诱导分化和凋亡，从而达到疾病治疗的目的。APL 是由一种名为早幼粒细胞白血病（promyelocytic leukemia，PML）- 维甲酸受体（retinoic acid receptor alpha，RARα）的融合基因所引起的白血病，这一融合基因编码 PML-RARα 融合蛋白扰乱正常的基因转录和细胞核结构。重要的是，全反式维甲酸和三氧化二砷都可以和 PML-RARα 融合蛋白结合，即三氧化二砷可以结合 PML 部分，而全反式维甲酸可以结合 RARα 部位，进而促进 PML-RARα 融合蛋白的降解。接着通过将全反式维甲酸、三氧化二砷和化疗药物联合应用，开发出了治疗初发 APL 的联合靶向疗法。这一受中医复方启发的创新性联合疗法可使 90% 的 APL 患者获得痊愈而没有明显的

图 2-115　研究团队工作照（右二为陈竺院士）

长期毒性作用。

1996 年，陈竺与张亭栋在 *Blood* 上发表论文介绍了此发现，被国际学界所认可。1996 年 12 月，全美血液学大会在美国奥兰多市召开，张亭栋和时任上海血液学研究所所长的陈竺受邀参加。陈竺代表课题组宣读了《三氧化二砷诱导早幼粒细胞白血病细胞凋亡及其分子机制的初步研究》，引起与会专家、学者的空前关注和极大兴趣，中国学者用砷剂治疗白血病的成功，博得了世界血液学界的认可。

1999 年，亚砷酸注射液被国家食品药品监督管理局批准为 2 类新药，2000 年 9 月，美国食品药品管理局（FDA）在经过验证后亦批准了亚砷酸的临床应用。国际公认该药是治疗 APL 的首选药物和全球治疗 APL 的标准药物之一，成为国际公认的我国首创并走向世界的自主创新药。

5. 白血病治疗新思路

白血病在中国已经成为高发恶性肿瘤之一。其特征是异常造血细胞的恶性增殖、分化障碍、凋亡受阻，并侵犯肝、脾、淋巴结，最终浸润破坏全身组织、器官，使正常造血功能受到抑制；临床表现为贫血、出血、感染及各器官浸润症状。白血病作为一组高度异质性的血液系统恶性疾病，包括急性或慢性髓细胞白血病（AML 或 CML）和急性或慢性淋巴细胞性白血病（ALL 或 CLL）。APL 是 AML 的一种独特亚型，被称为最凶险的一种白血病。以往对 APL 的治疗以化疗为主，但副作用严重，可以引起纤维蛋白原减少及弥散性血管内凝血导致的严重出血，早期死亡率较高，5 年生存率仅为 30%～40%，甚至更低。1996 年，上海血液学研究所的陈竺、陈赛娟、陈国强、沈志祥等与张亭栋通力合作，尝试用三氧化二砷注射液治疗对 ATRA 或化疗药物耐药的 APL 患者，收到了明显的效果，且副作用非常小，仅出现轻微的皮肤瘙痒、皮肤红斑和恶心、呕吐、食欲不振等胃肠道反应。

常规的白血病治疗药物多会产生耐药性，一旦复发，即使使用以前未曾使用过的药物，疗效也会大打折扣；而单独使用三氧化二砷治疗初发APL的长期生存率一般仅为40%～50%。由此，上海血液研究所陈竺、陈赛娟团队开始尝试联合用药，即初发APL首选维甲酸联合三氧化二砷作为一线用药。研究结果显示，两药合用可以治愈90%以上的APL，且副作用小，挽救了大量患者的生命，是目前治疗APL最有效的方案，并被美国国立综合癌症网络（NCCN）确定为APL的首选治疗。

图2-116　陈竺院士与爱人陈赛娟院士一起工作

砷剂在白血病治疗中的成功应用及其作用机制的阐明，为加快我国中医药学现代化、国际化和促进中西医结合进程起到示范作用。"全反式维甲酸与三氧化二砷治疗恶性血液疾病的分子机制研究"项目获得2000年国家自然科学奖二等奖。王振义院士2010年获得国家最高科学技术奖，陈竺院士获得多个国际重要奖项，这些重大成果是我国中医药学专家、西医学专家、中西医结合专家打破学科界限，长期精诚合作，坚持基础研究和临床研究紧密结合与双向转化而最终取得的成果。该项成果的成功经验为中医药走科学发展的道路提供了值得借鉴的思路和方法，为中医药能更好地传承创新，促进人类健康做出了贡献。

（三）人工合成中药，保护珍稀药用资源

中药资源是中医药事业传承和发展的物质基础，是关系民生的战略性资源。近些年来，利用现代科技手段促进中药资源的可持续利用取得了显著进展。

1. 人工麝香研制与产业化的成功之路

麝香在《神农本草经》中被列为上品，具有开窍、辟秽、通络、散瘀等诸多功效，在 433 种中成药中广泛应用，却险些随着麝的濒危而面临消失。20 世纪 50 ~ 60 年代我国雄麝仅存 5 万余头，属濒危状态。如用传统方式杀麝取香，按每头雄麝可取香 10g 计算，即使全部捕杀仅产麝香 0.5 吨。我国麝香的年需求量超过 15 吨，供需矛盾十分突出。麝香药源紧缺，伪劣掺假品充斥市场，严重影响中成药质量和用药安全。党和国家极为重视该问题，曾指示一定要解决麝香代用品问题。早在 20 世纪 50 年代，卫生部药政局和中国药材公司（现中国中药公司）为解决天然麝香的药源问题，先后组织开展了野麝家养及其他产香动物驯化饲养研究，但年产麝香仅几千克，远不能满足用药需求。

1958 年，国务院发出《关于发展中药材生产问题的指示》，明确提出开展变野生动植物药材为家养家种。中国药材公司承担全国中药产供销和科工贸的统一管理职责，先后组织开展了一系列科学研究，包括指导和扶持在四川、陕西等地建立了 4 个养麝场，在野麝驯化和活麝取香方面取得成功。有

关科研单位也开展了麝香化学成分研究并取得合成麝香酮等基础性研究成果。

图2-117 麝香药材（左）及麝香仁（右）

　　1975年，卫生部、中国药材公司组建了由中国医学科学院药物研究所牵头，山东济南中药厂和上海市中药研究所参加的课题组，要解决麝香代用品问题，以"绝密"项目开展人工麝香的研制。中国医学科学院药物研究所天然药物化学研究室于德泉院士作为课题负责人，带领团队从零开始，负责该项目总体设计和所有化学方面的研究工作，包括化学成分研究、配方设计、代用品寻找、质量控制、生产工艺研究等，其中最为关键的是天然活

图 2-118 于德泉院士

性成分代用品的寻找，他们从大量样品中筛选出与天然麝香有效成分结构和功效类似的化合物。他们在70年代原料短缺、设备有限的艰苦条件下，利用仅有的1公斤天然麝香，经过不懈的努力发现了天然麝香中关键药效物质——抗炎多肽蛋白质类成分，确定了天然麝香中各类成分的相对含量及比例；制备了多种来源的样品，进行跟踪筛选，发现并研制出天然麝香中关键药效物质的替代品——芳活素，合成了重要原料——麝香酮、海可素，解决了天然麝香代用品主要组方药物安全性、有效性和质量控制等关键问题。替代品的确定使人工麝香的研制迈出了最关键的一步。紧接着，在对天然麝香进行全面系统分析研究基础上，依据"化学成分和药理活性最大限度保持与天然品的一致性"及"化学成分类同性、生物活性一致性、理化性质近似性"的设计配制原则，首先开展了大量化学和药理学基础研究，基本摸清了天然麝香的主要化学成分及其药理作用，为研制人工麝香奠定了理论基础；其次，在临床试验研究过程中，比照天然麝香的功能主治，采用人工麝香替代天然麝香配方的中成药双盲对照试验，根据其开窍醒神、活血通经、消炎止痛的功效，选择能证明这些功效的十个病症，通过近2000例Ⅱ期和Ⅲ期临床研究，以证实人工麝香与天然麝香的功能和疗效。专家评审结论是，人工麝香的主要药理作用与天然麝香基本相同，物理性状相似，临床疗效确切，可与天然麝香等同配方使用，并在1993年获得中药1类新药证书。1994年，人工麝香作为1类新药投入试生产。

1994年人工麝香正式投放入市场，经过20多年的推广应用，人工麝香与天然麝香等同使用这一结果已为众多用户所接受。2015年，"人工麝香研制及其产业化"项目获国家科学技术进步奖一等奖。

人工麝香作为中成药原料药惠及众多制药企业，包括以人工麝香为原料的中成药和蒙药、藏药、维药等民族药的生产，剂型涵盖丸、散、膏、丹等传统中药剂型和喷雾剂、注射剂等现代剂型。保证了400多个中成药品种能够正常生产，特别是很多国宝级的急救用药或特色药，如安宫牛黄丸、麝香保心丸、马应龙麝香痔疮膏等品种。中华人民共和国成立以来，麝香长期不能满足需求的状况，通过人工麝香规模化生产而一去不复返。人工麝香使得相关中成药老品种生产企业供给得以满足，新品种得以推广，在研品种有所保障，从而保证了对含麝香中成药、民族药的传承和发展，满足了中医临床用药需求。1994～2017年，人工麝香投放市场总量达140吨，相当于保护我国野生麝资源1400万头，彻底改变了传统"杀麝取香"的方式，为我国麝资源恢复和生态环境可持续发展做出了巨大贡献。

2. 牛黄及其代用品的研制

牛黄是牛的干燥胆结石，属于贵重中药材。中医应用牛黄治病已有3000多年的历史。远在《神农本草经》中就有记载："牛黄乃百草之精华，为世之神物，诸药莫及。"现代科学研究证明，牛黄是一种成分复杂的复方中药材。牛黄中含有胆酸、胆红素、卵磷脂、多种无机盐、微量元素和人体所必需的18种氨基酸等40多种有效成分。牛黄与其他中药配伍，可制成几百种治疗多种疾病，甚至是疑难杂症的中成药，其中较为知名的有北京同仁堂的安宫牛黄丸、福建漳州的片仔癀等。

图2-119　牛黄中药材

　　牛黄类中药虽临床应用广泛，但由于千百年来牛黄一直靠宰杀黄牛取得，而并非所有牛都会长结石，因此获取天然牛黄的概率只有千分之一二，故民间素有"千金易得，牛黄难求"之说。我国有记载的中医古方中，含牛黄的方剂有 600 多种。然而，天然牛黄的产量极低，价格居高不下，每公斤售价高达 16 万元至 30 万元，相当多的中成药品种因原料缺乏而停产，一些对天然牛黄功效的深入研究也因此而受阻。近年来，为了预防疯牛病输入，我国加强了牛源性药品管理，特别是限制了牛黄的进口，更加剧了天然牛黄的供需矛盾。

　　为了解决天然牛黄资源紧缺的问题，寻求天然牛黄的替代品成为研究人员的研发思路。在 20 世纪 50 年代，我国科研人员曾模拟其主要成分，利用胆红素、胆酸、胆固醇、无机盐、猪去氧胆酸、68% 凝粉混合制成人工牛黄粉入药。虽然技术简单，可工业化生产，但与天然牛黄成分不完全一致，尤其在临床急重病症的治疗方面，不能完全替代天然牛黄的功效。到了 20 世纪 70 年代，科研人员开始模拟天然牛黄的体内形成过程，即剖腹切开胆囊，将尼龙丝网缝扎在牛胆囊的黏膜上，注入细菌，2～3 年后再剖腹取出，从网上刮下黄色物质及黏液，干燥成粉末，得到体内培植牛黄。体内培植牛黄成分与天然牛黄相似，但较难产业化，且因个体差异、培育时间不同等因素，导致质量难以控制。到 90 年代，华中科技大学同济医学院教授蔡红娇运用现代生物工程技术，模拟牛体内形成胆结石的天然病理过程，在体外牛胆汁内成功培育出牛胆结石。药理研究结果证明，体外培育牛黄的作用与天然牛黄无异，其主要药理成分比天然牛黄稳定，是天然牛黄的理想代用品。1993 年，该技术获国家发明专利，2002 年获国家技术发明奖二等奖。1997 年，体外培育获国家 1 类中药新药证书。

相对于体内培植牛黄和天然牛黄，体外培育牛黄具有以下优势和特点：其一，体外培育牛黄可进行工业规模化生产，其成分和含量可控，质量稳定。而体内培植牛黄和天然牛黄是由不同地区、不同个体牛收集而成，由于牛的个体差异和地区生态环境不同，其牛黄的成分和含量极不稳定，质量差异较大。国家由此曾规定："体内培植牛黄中胆红素含量为35%以上的，可供临床急重病症中成药品种使用；胆红素含量在18%～35%的，只供非急救成药配方用；胆红素含量在18%以下的不可供药用。"其二，体外培育牛黄的生产成本可控，其市场价格相对较低，选其使用可增加企业的利润空间。其三，体外培育牛黄为工业化生产，使用其产品的企业具有稳定的供货渠道。其四，体外培育牛黄的使用，将拓宽企业产品的出口前景。国际上有的国家立法规定，动物的排泄物和病态组织不能入药；欧盟国家也规定，动物的内脏不能入药。这对于使用天然牛黄和体内培植牛黄的产品，无疑是出口的巨大障碍，而体外培育牛黄则不受这些规定的限制。

人工麝香和牛黄的成功研制，极大解决了濒危、珍稀药用资源的供需矛盾，推动了珍稀濒危药用资源人工繁育的产业化、规范化和标准化发展，促进了中医药对于濒危药用资源科学保护、合理利用、持续发展的正确认知。

（四）科技助推发展，推动中药现代化、国际化

1. 中药质量标准化工程

中药安全性的重要性不言而喻，但中药品质下降及中药本身的复杂多样性导致中药药效物质不明确，作用机理不清楚等问题，给中药的质量控制带来极大的困难，素有"丸散膏丹，神仙难辨"之说，而上述瓶颈问题的突破与解决，离不开现代分析技术与方法的创新和发展。现代前沿分析技术的蓬

勃发展，为中药质量标准研究提供了新的思路和方法，为突破中药质量标准
研究关键环节及瓶颈问题提供了广阔的前景。

　　中药化学成分的复杂性和多样性是长期以来阻碍中药质量标准研究的难
题之一。中药次生代谢产物的多态性、微量性和不稳定性，导致质量标准化
研究进展缓慢，严重制约着我国中药产品的开发和质量控制水平的提高。大
部分中药的药效成分并不明确，特别是专属性成分及中药毒性成分研究不
足。近年来，我国中药科技工作者为阐明与中药相关的药效物质基础做了大
量的工作，中药质量研究水平也有了长足的进步，例如中国科学院上海药物
所果德安团队创新性地提出了适合中药复杂体系特点的"深入研究，浅出标
准"中药质量研究的指导理念，构建了"化学－代谢－生物"整合分析新
策略，发展了系列新技术，大幅提升了中
药活性成分分析鉴定的能力和水平，从丹
参、人参、三七等中药材和牛黄上清丸等
复方中分析鉴定了 20000 余个成分，结
合体内分析和生物分析明确活性成分 300
余个。对人参系列药材开展系统比对研
究，从中分析鉴定 2100 多个人参皂苷成
分，阐明了人参皂苷的体内代谢过程并明
确药效成分；对丹参的示范性研究共鉴定
260 余个成分，阐明了丹酚酸和丹参酮类
成分的体内代谢过程及药效作用机制与调
控网络，明确了丹参治疗心血管疾病的有
效成分为丹酚酸和丹参酮，该项研究于

图 2-120 "中药复杂体系活性成分系统
分析方法及其在质量标准中的应用研究"
获得国家自然科学奖二等奖

2012 年获中医药领域第一个国家自然科学奖二等奖。

　　研究建立科学、高效的中药有效成分表征及品质评价方法，从而形成科学、合理、符合中药特点的质量标准评价体系是中药产业发展的必然要求。中药标准是对中药品质评价和检验方法所做的技术规定，是中药生产、经营、使用、监督、检验必须遵循的法定依据。中药大部分来源于天然资源，与成分单一的化学药相比，具有复杂性和多变性的特点；同时中药从土壤中吸收的重金属及有害元素、栽培过程使用的农药、植物激素及其他外源性有毒有害物质，也严重影响着中药的安全性和有效性，因此，中药标准研究和制定过程涵盖了中药分析和品质评价方法学研究的全部科研工作，在中医药事业发展中具有基础性、战略性、法规性地位和作用。我国科技工作者积极推进中药标准体系建设，《中国药典》中的中药质量检测方法不断创新，向立体、多元、整体控制的方向大幅度飞跃，形成了以《中国药典》为核心的国家中药标准体系。尤其在国际上最先将指纹图谱 / 特征图谱检测技术应用于国家药品标准制定中，用于中药注射剂、提取物和中药材的整体质量控制，有效提升了相关产品的质量，为创新药物的研发提供了强有力的技术支撑，同时也确立了我国中药标准的国际主导地位和话语权。国际标准化组织 / 中医药技术委员会（ISO/TC249）WP1 工作组在刘良院士领导下经过几年的努力已经制定发布了丹参、三七、板蓝根等 10 余个中药材标准，这些标准的制定与发布为推动中药材的国际标准化将起到良好的引领作用；对提升中药材及其产品的国际影响力和竞争力，推动中药材相关产品的国际贸易发挥重要的作用。同时，我国科学家制定的灵芝、五味子等 15 个中药的 50 余个中药材和饮片标准首次写入《美国药典》，钩藤、巴戟天等 14 个中药标准载入《欧洲药典》，实现了中药标准国际化的突破，初步实现我国政府提出的"中药标准主导国际标准制定"的目标。中药质量控制及其标准研究应用取得了一大批标志性成果，10 余项研究成果获国家级科技奖励，随着中药标准的提升和实施，也带动了企业建立规范化的中药材生产基地，实施中成药生产全过程控制，有力地推动了中药现代化和国际化。

大师风采·刘良

图 2-121　刘良院士

2. 中药物质基础研究与新药开发

中药不仅为我国人民健康做出了巨大贡献，也是我国医药产业的重要支柱，在经济发展中发挥着重要的作用。我国中药行业如何利用和发挥自身优势，突破传统的研发思维实现创新，是今后中药新药研发的重要途径。

中药物质基础研究是阐明中药治疗疾病的科学内涵、实现中药现代化的前提和基础，也是创制源于中药有效成分的化学实体类新药的有效途径。长期以来，对中药物质基础的研究和新药开发大致有两种思路，一是以中药临床疗效为线索，对其中的单体化学成分结构和生物活性进行深入研究，寻找具有药用价值的化合物，开发源于中药有效成分的化学实体类药物，20 世纪上半叶，药理学家陈克恢从中药麻黄中得到麻黄碱，震惊了医药界。此后的几十年间中国学者又继续从常用中药中分离得到多个有代表性的有效成分，如从青黛中分离得到具有治疗慢性粒细胞白血病的靛玉红，从青蒿中分离得到具有显著抗疟效果的青蒿素等。中国科学家还从传统中药中发现了小檗碱、穿心莲内酯、川芎嗪等，由此研制的新药至今仍在临床一线使用，也从民族药或民间药物中发现了如石杉碱甲、丁苯酞、胡椒碱、灯盏乙素、山栀苷甲酯等药物。每一项突破性的研究发现都让人惊叹于中药的神奇，也同时给中国的新药开发提供了源源不断的思路。

肿瘤的研究牵动着全国中医药科技工作者的心。1993 年 6 月 18 日，中国工程院院士、浙江中医药大学李大鹏研究员研发的康莱特注射液通过国家中医药管理局的科技成果鉴定，证明薏苡仁甘油三酯具有较强的抑杀癌细胞功能，是可供静动脉注射的输液型中药乳剂，也填补了国产静脉乳剂和国际中药乳剂的空白。作为国际新兴的静脉乳剂产品，以吴孟超、董建华、顾学裘教授为首的国内著名专家一致认为："该项成果为中药制剂的现代化、科学化丰富了新工艺和新剂型，为发掘提高我国中药宝库做出了重大贡献，达到了国际领先水平。"这项研究大大提升了中药研究原创水平，并获得创新发明自主知识产权。该成

图 2-122　李大鹏院士

果先后获得了国家科学技术进步奖二等奖、国家技术发明奖三等奖。

康莱特注射液临床上主要用于气阴两虚、脾虚湿困型原发性非小细胞肺癌及原发性肝癌的治疗，对放化疗有一定的增效作用，对中晚期肿瘤患者具有一定的抗恶病质和止痛作用。有研究表明，康莱特注射液治疗非小细胞肺癌可单独使用，也可配合其他现代治疗手段。不仅能够抑制肿瘤细胞增殖，还可以抑制肿瘤的侵袭转移、新生血管生成，抗耐药及调节免疫，从而发挥有效的抗肿瘤作用。2001 年，康莱特注射液作为我国首个中药静脉输入制剂，也是首个拥有自主知识产权的创新抗癌药物，通过了 FDA 严格的药品质量审核，进入 Ⅰ 期临床试验。在美国犹他州盐湖城汉兹门肿瘤中心，18 位美国肿瘤患者首次接受了中药抗癌治疗。一位接受试验的 73 岁胰腺癌晚期患者，癌细胞已经转移，医生对他的预言是"生存期在 3 个月以内"。但经康莱特注射液治疗后，患者生存质量明显改善，又活了 25 个月零 16 天。在此之前据美国国立卫生研究院的报告，胰腺癌预后中位生存期仅 2 ~ 3 个月，能达到 1 年生存期者仅占 8%。康莱特注射液获得了参加临床研究的美国药学家、医学家的一致好评。2004 年已圆满完成 Ⅰ 期临床试验，美国临床研究单位评价"试验证明康莱特注射液极为安全""与中国进行的康莱特注射液单独使用的临床试验报告的结果相似"。为此，李大鹏也受到了时任美国副总统切尼的接见。2015 年，具有我国自主知识产权的抗癌中药康莱特注射液在美国顺利完成治疗胰腺癌的 Ⅱ 期临床试验，并经美国 FDA 评审通过，进入 Ⅲ 期临床，成为中国第一个在美国本土进入 Ⅲ 期临床试验的中药注射剂。这不仅是我国在中药创制专项研究上的一个重大突破，更是我国中药国际化道路上的一座新的里程碑。

图 2-123　李大鹏院士在工作中

　　除了新药研发，根据中医药理论和临床应用的特点，阐明传统中药多成
分、多靶点协同作用的物质基础，开发中药有效部位、组分中药或进行传统
中药的二次开发，是在继承的基础上发展中医药的一个重要途径。代表性的
新药开发品种有成功在欧盟上市的地奥心血康；国内上市且已进入美国
FDA Ⅲ 期临床实验的复方丹参滴丸、扶正化瘀胶囊；直接获得 FDA Ⅱ 期临
床研究批准的银杏灵、威麦宁等。由于历史原因，曾经中药领域基础研究相
对薄弱，导致中成药临床定位模糊、制药工艺粗放、质控技
术落后、过程风险管控薄弱，这些因素制约了中药品种做大
做强。近万个中成药品种中年销售额过亿元的品种仅百余
个，过 10 亿元的大品种缺乏。围绕做大做强中成药品种的

大师风采·李大鹏

重大需求，促进中药产业向科技型、高效型和节约型转变，很多专家在此做出了很多新的尝试和不懈努力。

天津中医药大学张伯礼院士课题组率先提出了中成药二次开发研究策略，历经理论创新、技术突破及推广应用，构建了中成药临床准确定位、药效物质整体系统辨析、网络药理学、工艺品质调优和数字化全程质控等五大核心技术体系，形成了中成药二次开发模式，有力推动了中药产业技术升级换代，使中药大品种不断涌现。完成 32 个中成药品种二次开发项目，实施推广中药二次开发战略，培育了中药大品种群，提高了中药行业集中度，过亿元的中药品种增长了 3 倍，年累计销售额达 1200 亿元。中药二次开发引领了中药产业创新发展方向，推动了中药产业技术升级换代。该项目获得2014 年度国家科学技术进步奖一等奖。

图 2-124 中成药二次开发成果鉴定会会议现场张伯礼院士发言

（五）厘清家底，保证中药资源可持续利用

1. 全国中药资源普查

中药资源是中医药事业生存发展的物质基础，也是国家重要的战略性资源。近年来，由于中药资源以药品、食品、保健品以及其他卫生产品形式的

消耗和出口贸易中的消耗，导致蕴藏量普遍下降，一些名贵药材已很难见到野生资源，中药资源"供不应求"，使中药材陷入了未达到生长年限就流入市场的速生时代、为增加产收而

图 2-125　黄璐琦院士

滥用植物生长调节剂的高产时代、滥用有害试剂处理药材的化工时代，以及抛弃中药材分级、炮制等传统的统货时代，药材质量难以保障，中药传统文化精髓丢失，自然环境承受巨大压力等问题突出，严重制约了中医药事业的发展，亟需采取相关措施予以改善。针对中药资源可持续利用、全面提升中药产业发展水平存在的问题，国务院印发的《中医药发展战略规划纲要（2016—2030 年）》中强调要"加强中药资源保护利用"。

我国 20 世纪 60 ~ 80 年代，共开展了三次全国范围的中药资源普查，为中药资源可持续发展奠定了坚实的基础。1960 ~ 1962 年，第一次全国中药资源普查，以常用中药为主；1969 ~ 1973 年，第二次全国中药资源普查，是全国中草药的群众运动，调查收集各地的中草药资料；1983 ~ 1987 年，由中国药材公司牵头的第三次全国中药资源普查，调查结果表明

我国中药资源种类达 12807 种。随着中成药的不断开发，中药野生资源逐年减少，枯竭加速，如野生甘草 50 年间从 200 多万吨蕴藏量减少到不足 35 万吨，麝香资源减少 70%，冬虫夏草、霍山石斛、人参、杜仲等野生资源的破坏也十分严重，有些种类的野生个体已经踪迹难寻。同时，也有新的物种不断被发现，为我国生物多样性增添了新成员。

2011～2020 年，国家中医药管理局组织开展了第四次全国中药资源普查，黄璐琦院士担任普查工作专家指导组组长，现阶段已完成对全国 31 个省（区、市）近 2800 个县的中药资源调查，获取了 2000 多万条调查记录，汇总了 1.3 万余种中药资源的种类和分布等信息，其中有上千种为中国特有种。发现的 79 种新物种，其中 60% 以上物种具有潜在的药用价值。组建了 5 万余人的中药资源调查队伍；构建了由 1 个中心平台，28 个省级

图 2-126　中药资源普查工作现场

中药原料质量监测技术服务中心和 66 个县级监测站组成的中药资源动态监测体系，开展重点中药材品种的价格、流通量和种植面积等信息服务，实时掌握中药材的产量、流通量、价格和质量等信息；建设了 28 个中药材种子种苗繁育基地和 2 个中药材种质资源库，形成了中药资源保护和可持续利用的长效机制。基于 100 多万个样方的调查数据，估算《中国药典》收载的 563 种中药材的蕴藏量。

第四次全国中药资源普查高度重视和应用了现代科学技术方法，包括空间信息技术等现代技术方法的运用，如手机 APP、PDA（个人数字助理）、轨迹记录仪、数码相机等；同时借助互联网技术、大数据技术、人工智能技术等，开发了全国中药资源普查信息管理系统，包括数据填报、核查、展示、工作管理等 7 个方面，使普查信息化从无到有。同时也非常重视将新技术、新方法引入到中药资源研究中，如利用遥感、地理信息系统等空间信息技术，对青蒿产量和青蒿素含量进行区划；将形态学与分子生药学的方法相结合，对中药资源种类进行鉴定，发现了兰科新属先骕兰属和荨麻科新属征镒麻属等 79 个新物种。这些新物种的发现，使人们对地球物种多样性有了新的认识。

第四次全国中药资源普查是跨行业、跨系统、多学科的大协作，可为制定实施国家发展战略与区域产业发展规划、优化中医药产业布局提供重要依据，保障了中药资源的保护、开发和可持续利用。黄璐琦院士团队在中药资源保护与研究这一领域做出了突出成绩，牵头编制了《全国中药资源普查技术规范》，为第四次全国中药资源普查工作提供技术支撑和服务；提出和发展了分子生药学与道地药材形成理论，建立了珍稀濒危常用中药资源五种保护模式和中药材鉴别新方法，使分子鉴别方法首次收载于《中国药典》。

图 2-127　黄璐琦进行资源普查

2. 道地药材的现代科学研究

道地药材是我国传统公认，来源于特定产地的优质药材代表，与其他地区所产同种中药材相比，其品质和疗效更好且质量稳定。如今，中药材产业面临着严峻挑战，道地药材作为中药中的精髓，是评价中药材品质的综合性标准。道地药材的现代化研究始于 20 世纪 80 年代中后期，1989 年，我国第一部道地药材专著《中国道地药材》出版，道地药材的研究逐渐成为中医药学的重要研究领域之一。

经过几十年的发展，道地药材的研究取得了显著进展。首先，从生态学与生物学角度，揭示了道地药材形成的规律和机制，初步赋予道地药材现代科学内涵。2006 年，中国人民解放军 302 医院肖小河团队领衔的科研项目"道地药材三维定量鉴定及生产适宜性评价的系统研究"获得国家科学技术进步奖二等奖；2011 年，黄璐琦院士组织召开了以"道地药材品质特征及其成因的系统研究"为主题的第 390 次香山科学会议，就道地药材的基本概念、科学内涵和研究方向等问题达成了重要共识。黄璐琦院士团队从 200 种道地药材的文献整理入手，系统梳理了道地药材的历史沿革和品种变迁，选择苍术、芍药、牛膝、牡丹皮、枳壳、丹参、山药、贝母、黄芩等十多种大宗常用的典型道地药材，分别在道地产区和非道地产区采集药材样品、遗传研究样品及土壤样品后，系统比较道地药材和非道地药材在化学组成及含量、遗传背景及环境因子方面的差异，研究它们之间的相关性，提出道地药材形成的模式理论，并通过受控实验结合生产实践进行验证和应用。其中，对丹参等道地药材有效成分合成的分子机制研究取得了突破性进展，发现了大量有效成分合成的功能性基团及新的二萜类化合物生物合成途径。利用地理信息系统结合实地调查及实验室分析，发现利于道地药材次生代谢产物积累的环境因素与生长发育的适宜环境因素不一致甚至相反，由此提出道地药材形成的逆境效应理论，该成果获得了 2011 年国家科学技术进步奖二等奖。

其次，创建了符合道地药材特点的中药品质鉴定与评价方法，形成了一系列技术规范和标准。道地药材市场以假乱真，以次充好的现象屡见不鲜，为了有效解决该问题，国家中医药管理局启动多个课题项目支持道地药材标准研究，由中国中医科学院黄璐琦院士牵头，中国中医科学院中药资源中心组织全国数十家科研、教学单位及企业等共同起草的《道地药材标准汇编》正式发布，依据"百年历史、三代本草"遴选原则，系统梳理历代本草、医籍、地方志等文献资料，开展全面深入的本草考证；同时，综合考虑科技发展，兼顾当前生产实际，文献考证与实地调查相结合，将历代推崇且延续至今仍为临床所认可的 150 多种道地药材以标准的形式予以规范。这些标准对道地药材的来源、植物形态、历史沿革、道地产区及生境特征、质量特征等都做了详细要求。

　　第三，建立了近百个道地药材 GAP 基地，促进中药材规范化生产，有效地推动了我国农村地区的精准扶贫工作。2018 年 12 月 18 日，由农业农村部联合国家药品监督管理局、国家中医药管理局共同下发了《全国道地药材生产基地建设规划（2018—2025 年）》（以下简称《规划》），着力于道地药材种子种苗繁育体系建设、道地药材标准化生产体系建设、道地药材生产服务体系建设、道地药材产地加工体系建设、道地药材质量管理体系建设 5 个方面，采取以"品种为纲、产地为目"的方法，将定品种、定产地和定标准相结合，以"有序、安全、有效"为方向，优化道地药材生产布局。以道地药材为引领，促进中药资源优化和可持续发展。

第三篇
人人享有中医药服务

一、中医药服务扎根基层

　　20 世纪末，全球医学界大讨论，最终结论：最好的医学不是"治好病"，而是"使人不生病"。WHO 在《迎接 21 世纪的挑战》报告中指出："21 世纪的医学，不应继续以疾病为主要研究对象，而应以人类健康作为医学研究的主要方向。"这与中医学"天人合一"思想、疾病预防理念一致。中医药个性化的诊疗方式，"未病先防，既病防变，治病求本"的防治原则，形式多样、取自天然、绿色无害的治疗方法，确切肯定的临床疗效，加之其深厚的文化底蕴，巨大的创新潜力，使其具有广阔的发展空间，可以不完全依赖于大型仪器进行检验检查，并且能够更好地满足人民群众基本医疗服务需求。这些都决定了中医药医疗服务必然成为我国健康卫生体系中的中坚力量。而作为中医药服务主阵地的基层，无疑将成为未来中医药的重点发展方向。"十四五"期间，我国将实现全部社区卫生服务中心和乡镇卫生院设置中医馆。对社区卫生服务机构、乡镇卫生院加大中医科室的建设，加大从业人员的中医药基本知识和技能培训，推广和应用适宜的中医药技术，充分发挥中医药特色和优势，开展对常见病、多发病的医疗康复、养生保健、健康教育等具有鲜明中医药特色的服务，运用"治未病"理念指导各种养生保健活动的开展，加强全生命周期的中医药服务。在综合医院、传染病医院、专科医院等，逐步推广中西医结合医疗模式，做到"有机制、有团队、有措施、有成效"。

图 3-1　基层医院为患者进行三伏贴预防保健服务

　　加强基层医疗卫生机构信息化建设，也是提高中医药服务能力和效率的重要举措和必然趋势。中医药学数千年的临证经验，充栋盈车的古代文献，层出不穷的现代研究成果，灿若繁星的名医专家经验总结，需要系统梳理、分析、总结、规范后才能加以利用，并作为临床诊疗工作的有力指导。信息技术的飞速发展为快速有效地获取并分析上述信息提供了可靠保证。多年来，我国中医药信息化建设取得了长足的发展，成绩斐然。国家人口与健康科学数据共享服务平台——中医药学科学数据中心。以中医药虚拟研究院的形式组建了专业的数据共建共享队伍，以中医药学数据中心为核心，参与中医药数据资源建设。目前，中医药学数据中心已形成包括医药期刊文献、疾病诊疗、民族医药等多个数据库的中医药科技数据库群，形成国内外中医药与传统医学领域中规模最大的科学数据共享平台，为政府卫生决策和医疗、保健科学研究等提供数据共享服务，为用户提供可靠的中医学信息检索服务。

中医医疗服务与"互联网＋"进一步深度融合，将部分闲散、碎片化、低利用度的医疗资源通过网络整合与优化匹配，更有效地与医疗机构和患者对接，医疗资源的使用更充分、更合理、更高效，改善医疗服务可及性，控制费用，提高质量，缓解医疗供需矛盾，促进"小病在基层，大病到医院"的服务模式进一步得到完善。通过新型信息技术的应用，使群众在就医过程中享受技术红利，在医疗过程中得到更佳的体验。移动医疗、智慧医疗等新型医疗服务模式的建立，拓展了医疗服务领域，并在提供更多优质医疗资源的同时打破传统的就医方式，使患者能够突破时间和空间的限制，通过互联网获得线上诊疗服务。群众无论是在固定的办公、居家场所，还是在外出或

图 3-2　中医师在社区为群众进行义诊

移动状态，都能够通过手机或其他设备终端享受到健康动态监测、医患实时交互、健康咨询等多种个性化、定制化的医疗健康服务。此外，互联网医疗将有效推进中医医疗在贫困、边远地区及农村基层的应用，解决这些地区"看病难，看病贵"等问题。

二、重大疑难疾病、慢性病防治显身手

重大疑难疾病严重危害人类健康，给国家、社会、家庭带来沉重负担。由于中医药在重大疑难疾病防治方面的突出优势，在未来的重大疑难疾病的防治中必将发挥重要作用。但是只靠中医单打独斗或"局部战争"很难取得令人满意的效果，因此强化中西医临床协作，开展重大疑难疾病中西医联合攻关，形成独具特色的中西医结合诊疗方案，提高重大疑难疾病、急危重症的临床疗效，探索、建立和完善国家重大疑难疾病中西医协作工作机制与模式，提升中西医结合临床服务能力就显得极为迫切。

长期以来，在糖尿病治疗中，中医一直被认为只能辅助降糖，不能独立降糖。全小林院士通过长期临床研究，突破传统，大胆实践，构建了以"核心病机—分类分期分证—糖络并治"为框架的糖尿病中医诊疗新体系，提出中医"糖络病"理念，创新性地将传统经方应用于糖尿病的各阶段，填补了早中期糖尿病中医理论和实践的空白，破解了中医不能降糖的历史难题。2017年11月，由全小林团队牵头编写的《国际中医药糖尿病诊疗指南》

发布，这是第一部国际中医药专病诊疗指南，被评价为"中医药专病国际标准化建设的先行者"。"态靶辨证"是以提高现代中医临床疗效为目的、以中医"调态"为基础、以西医学研究成果为借鉴的创新辨治体系，态靶结合强调现代中药药理学研究成果的临床回归，实现了中医"临床用药方向"的突破，"天地之理，有开必有合；用药之机，有补必有泻"。这个事例是中西医结合的生动展现，只有中医与西医更紧密地合作，才能加强和提升对重大疑难疾病的临床疗效。通过合作，两种医学互相汲取优势，以中西医临床协同思维使之相互融合、相互促进、相互补充。运用中西医结合手段及方法防治疾病，促进健康，提高我国健康服务能力和综合医疗救治水平，保障人民群众身体健康与生命安全。

随着我国社会进入老龄化阶段，高血压、糖尿病、高脂血症等慢性病发病率已呈逐步上升趋势，而大部分慢性病需要通过终生服药的方式进行治疗。中医药简便廉验的特点，使其成为慢性病防治工作中不可或缺的一员。

例如，近年来很多医疗机构将中医特色的慢病管理模式纳入老年慢病患者的管理中，注重中医养生、药物选择、食疗、中医情志管理、中医理疗等治疗手段。通过辨证论治，灵活遣方，强调个体化治疗，通过分析患者所属证候类型，在确定主症的基础上辨证施治，根据病情的变化随时调整用药。慢性病的病情复杂，往往需要综合多种治疗措施。中医药治疗手段灵活多样，如内服、外用、针灸、按摩、理疗等，可多种方法并用。如针灸治疗中风后遗症具有非常显著的效果。另外，按摩、艾灸、拔火罐、刮痧等操作简便易行，对疾病也具有明显的调理功能，可以有效提升患者的生活质量。

以长春中医药大学"中医'治未病'服务技术体系的构建"研究为例，

该研究运用体质学说、健康检查、健康评估、健康干预等措施完成了痰湿体质人群的中医健康状态辨识方法与干预技术研究，开展健康筛查、慢病门诊、慢病体检、慢病风险评估、慢病干预、诊后随访等为一体的慢病诊疗模式，规范了中医慢病防控的干预方法，形成痰湿人群中医治未病健康状态监测、疾病风险预警监测及慢病管理防控监测系统，将基于中医"治未病理念"形成规范可行的实施方案，推广应用到家庭、社区。

　　未来我国将逐步扩大 0 ~ 36 个月儿童和老年人的中医药健康管理服务覆盖率，在医疗机构设置相关科室，提供中医药健康服务。在二级以上中医院设立治未病科，在妇幼健康服务机构设置中医科，在心脑血管疾病、癌症、慢性呼吸系统疾病、糖尿病等慢病防治行动中，加入中医药技术方法。

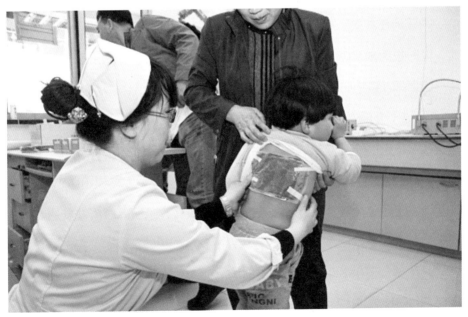

图 3-3　儿童中药漏渍疗法

三、疫病防治工作的重要参与者

中医药在防治传染性疾病方面具有丰富的临床经验。中华人民共和国成立以后，国家遭遇的每次重大疫情，中医药都发挥了突出作用，彰显独特优势，成为我国卫生应急工作的重要力量。在一次次疫情大考中，中医药不断地完善与成熟，逐渐建立了适应现代环境的中医药疫情防治体系，并对西医学背景下的传染病防治形成了深刻影响。未来，中医药将更加聚焦疫病防治的能力建设，发挥中医药疫情防控独特优势和作用；完善中西医结合救治机制，加强国家中医应急医疗队伍和基地建设，深化中医药疫病理论研究、中医药抗疫有效经验总结和临床数据挖掘，科学总结中医药防治的疗效成果。

中医药在本次新冠肺炎疫情防治中发挥的重要作用，受到社会各界的肯定，同时也为未来疫情防控工作提供了值得借鉴的思路与方法。未来中医药将继续发挥在疫情防控中的独特优势和作用，特别是"治未病"的理念优势，"中和平衡"的理论优势，"以人为本"的价值优势，"辨证论治"的实效优势，应该在未来疫病的中医药防治中进一步得到发挥和体现。

2020年12月24日，教育部、国家卫生健康委、国家中医药管理局发布了《关于深化医教协同进一步推动中医药教育改革和高质量发展的实施意见》，对传承、创新、发展中医药教育做出整体部署，其中明确提出完善中医药学科体系，强化中医基础类、经典类、疫病防治类学科的建设，增设中医疫病相关课程等具体举措，强化中医药防疫人才的培养。

2021年5月13日，国家疾病预防控制局正式挂牌，意味着疾病防控战略前移，标志着疾控机构职能从单纯预防控制疾病向全面维护和促进全人群健康转变，这有利于加快医疗工作中心从"以治病为中心"向"以人民健康为中心"转变。在这一转变中，中医药理应充分发挥其应有作用，为我国的卫生健康事业发展贡献力量。

四、中医药文化四海传播

当今正逢世界百年未有之大变局，世界形势风云变幻。在这种复杂的国际背景下，中国提出了"一带一路"的构想，带着对实现携手共进、合作共赢的多边合作体系的憧憬，为世界和平稳定发展增添了不可忽视的积极力量。中医药文化是中国国家形象的重要代表之一，也是"一带一路"文化传播中不可或缺的组成部分。作为闪亮的"国家名片"，中医药文化已经成为"一带一路"沿线各国了解中国的重要切入点。经过几年的积极探索和尝试，中医药"走出去"硕果累累。中医药海外中心、国际合作基地、国际标准体系建设和中医药国际文化传播等诸多方面都取得了阶段性成果。习近平在上合组织成员国元首理事会会议等 28 场国际活动中宣介中医药，中医药先后纳入中白、中捷、中匈联合声明以及《中国对非洲政策文件》等。截至目前，国家中医药管理局已同 40 余个外国政府、地区主管机构签署了专门的中医药合作协议。"中医针灸风采行"已走入"一带一路"沿线 35 个国家和地区。与此同时，近年来，中医药已成为新兴的经济增长点，开展中医药领域沟通与合作的前景空前广阔。中国外文局对外传播研究中心调查数据显示，47% 的海外受访者将"中医药"视为中国文化的代表元素，仅次于占比 52% 的中餐。中医药是当前在"一带一路"建设过程中讲好中国故事、传播好中国声音，推动中国文化走出去的最好载体。

因此，深入研究中医药文化在"一带一路"沿线国家的传播策略，讲好新时代的中医故事，将为发展国家间友好合作关系、造福各国人民做出重要贡献，亦是传承发展中医药事业的重要使命和重大主题。

海外中医药中心的建立，在推动中医药在海外合法化甚至进入主流医疗体系方面发挥了重要作用。以海外中医药中心为平台的中医医疗服务功能，能获得当地民众的支持，进而转化为中医药发展的动能，促进中医药的发展。中央财政设立的中医药国际合作专项，重点支持 30 个高质量中医药海外中心和 50 个高标准中医药国际合作基地的建设工作。相信在未来，中医药海外中心将成为推广中医药文化，带动中医药对外交流与合作的重要阵地。

标准化是世界科技与经济发展的趋势，但"一带一路"沿线国家尚缺乏统一的中医药、传统医药相关国际标准及规范。我们要通过标准化提高中医药的规范化、科学化水平，积极应对世界对中医药的新期待，制定相关标准，掌握中医药文化传播的主动性，推动蕴含其中的哲学智慧、思维方式和价值理念走向世界。《国际疾病分类第十一次修订本（ICD-11）》首次纳入传统医学章节，中医药历史性地进入国际主流医学分类标准体系。多年来，国家中医药管理局推动国际标准化组织出台了 31 项中医药国际标准，为推动中医药国际范围的规范化使用奠定了坚实基础。

中医药对外贸易将进一步扩大。目前，我国已成为日、韩、东盟等国家和地区使用中药的主要原料供应地，这些地区的传统医药对我国中药材的依存度越来越高。中国－东盟自由贸易区启动以来，东盟市场表现出抢眼的增长潜力，我国与东盟各国间中药类商品的关税大幅降低，通关更加便利，中药材、中药饮片贸易屡创新高。随着物质的丰富，生活方式的改变，疾病谱发生了明显变化，西医对当今的疑难病及一些慢性病、老年病几乎束手无策。尤其是近几十年来，西方人士也逐渐认识到西医的局限性和西药的毒副作用，转而从传统医药中寻找出路，出现了返璞归真、回归大自然的潮流，草药消费量迅速增长。另外，近年来，西方各国医疗费用上涨很快，因此，各国政府也将利用中医药作为减轻日益上涨的医疗费用压力的一种途径。为此，采取了两种基本方法：一是使处方药变为非处方药物，费用由消费者自负；二是允许替代疗法存在，对中医药这一简、便、廉、验的传统医学政策优化。这些变化使中医药的贸易潜力进一步加大，为我国中医药产品出口创造了新的市场机会。

中医医疗援助服务走出国门。中国政府在促进世界卫生事业的发展上从不懈怠，长期向医疗卫生条件落后的国家和地区提供中西医的医疗援助，无论是青蒿素的发明和利用，还是在抗击埃博拉等世界重大疫情灾害中对于相关国家的无私援助。特别是此次新冠疫情暴发以来，我国对世界众多国家医疗、物资方面的无偿援助，赢得了广泛的赞誉。作为人类抗击疫情的重要武器，中医药是最易被海外认同的中国文化元素之一。借助"互联网＋"模式推广中医药服务也成为未来实现"一带一路"倡议中中医药走出去的重要抓手。

为了从根本上推动中医药"走出去",必须进一步加强中医药对外传播人才队伍的培养,尤其是要培养既懂得中医药知识,又具有较强对外交流能力的复合型人才。积极借助诸如孔子学院等文化传播载体,鼓励中医药高等院校、社会团体等机构与沿线大学合作,并面向沿线国家开展中医药学历教育、短期培训和进修,增进沿线人民对中医药文化的情感共鸣。

五、科技创新的中坚力量

未来将进一步加快中医药科技创新体系和平台的建设,在中医药理论、中药资源、现代中药创制、中医药疗效评价等重点领域建设一批国家重点实验室,围绕心血管疾病、神经系统疾病、恶性肿瘤、代谢性疾病等重大慢病以及妇科、皮肤科、免疫科等优势病种和针灸以及其他非药物疗法等特色疗法,建设 10~20 个国家中医临床医学研究中心及协调创新网络,依托中医医疗机构、科研院所,建设 30 个左右的国家中医药传承创新中心。"十三五"期间,"中医药现代化研究"重点专项共 126 项,中央财政总投入经费达 14.51 亿元。该重点专项旨在制定一批中医药防治重大疾病和疑难疾病的临床方案,开发一批中医药健康产品,提升中医药国际科技合作层次,提升中医药现代服务,加快中医药大健康产业的发展,助力中医药现代化。

坚持中医药原创优势,通过传承创新提升中医理论指导实践的能力。

2015 年，我国医药学专家屠呦呦因在用乙醚提取青蒿抗疟有效部分、保持其活性领域中的突出贡献被授予诺贝尔生理学或医学奖，这一成果有效降低了疟疾患者的病死率，挽救了全球特别是发展中国家数以百万人的生命，为人类治疗和控制疟疾做出了卓越贡献，也成为用科学方法促进中医药传承创新并走向世界的辉煌范例。屠呦呦教授团队取得的成绩是空前的，随着中医药文化的传承与复兴，传统经方验方与现代科学技术高度融合，中医药必将对世界产生更加深远的影响。此外，将继续加强对中医药古典医籍精华的梳理和挖掘，守住中医药传承的根脉、创新的基础。屠呦呦团队通过对古籍文献的挖掘、整理，成功研制出青蒿素的鲜活事例说明，中医药的古代典籍中蕴含着丰富的古人智慧，应充分挖掘并加以利用，为人类健康做出更大的贡献。

充分发挥中医药原创科技资源的优势，实现其创造性转化、创新性发展，有利于推动我国科技创新；深入挖掘具有原创优势的中医药科技资源，不断拓展现代科技与传统中医药相结合，有利于实现更多的"中国创造"，为人类健康做出更大贡献。

中医药的创新发展离不开现代科学技术。中医药传承发展既要遵循中医药的自身发展规律，发挥中医药的优势与特色，又要积极引进和利用现代科学的理论、技术、方法，用以揭示中医药防病治病的机理，为人类防病治病提供新思路、新理论和新方法。

坚持中医理论创新、临床实践创新、产业技术创新，在守正与创新中探索中医发展之路。中医学是一个开放的系统，随着临床实践的发展，其理论亦应不断创新。科研创新不是"空中楼阁"，必须"脚踏实地"，建立在临床实践基础上的科研创新才具实用性，才能获得广泛的临床认可。例如陈日新教授主持完成的"热敏灸技术的创立及推广应用"项目，将艾灸疗法的社会服务能力提上了新高度，为临床充分发挥灸疗疗效提供了量学标准，首次实现了灸疗时间标准化与个体化的有机统一；曹洪欣教授主持完成的"中医瘟疫研究及其方法体系构建"项目，通过对古今文史及医学文献，SARS 的证候要素、证候特征及证候演变规律，中医及中西医结合各种治疗方案的疗效评价，透邪解毒法的作用机理，SARS 愈后骨坏死和瘟疫研究的方法学等进行深入系统研究，构建瘟疫研究模式及其方法体系，为发挥中医药治疗突发性、传染性疾病的优势提供了临床依据。

加强中医药高端学术人才、高层次专业技术人才和基础学科、优势学科、前沿学科的人才培养。中医药创新发展的核心竞争力体现在诸多方面，但最关键的是人才。加快培养和集聚一批跨专业、跨学科、跨领域，活跃在国际学术前沿，满足国家重大需求的一流科学家、学科领军人物和创新团队，健全人才激励机制与评价机制。国家中医药管理局启动的中医药传承与创新"百千万"人才工程（岐黄工程）是国家层面的高端中医药人才专项培养机制的一项具体项目，在培养高端中医药人才方面业已取得了显著成效。

中医作为中国的原创医学，是当前最有可能带动我国医学科学技术领先于世界水平的一门技术，也是最有可能对人类健康事业发展产生积极影响并能取得最大贡献的一门科学。可喜的是，在以习近平为核心的党中央坚强领导下，国家颁布了《中华人民共和国中医药法》，发布了《中共中央国务院关于促进中医药传承创新发展的意见》等一系列有关中医药发展的重要文件，在《国民经济和社会发展第十四个五年规划和 2035 年远景目标纲要》

中更是明确提出：推动中医药传承创新。在不久的将来，国内将重点建设一批国家中医药传承创新中心、中西医协同创新医院、中医疫病防治基地以及中医特色重点医院，形成一批中医优势专科。中医药传承创新发展已经进入了新阶段，踏上了新征程。中医药工作者将乘势而上，担当作为，传承精华、守正创新，推动中医药振兴发展，为增进人民群众健康福祉，为建设健康中国、建设社会主义现代化国家做出新贡献。

十四经脉循行路线示意图 AR 成像技术展示

手太阴肺经经脉循行示意图

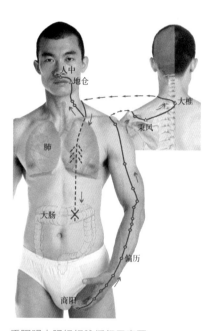

手阳明大肠经经脉循行示意图

免费使用 AR 成像技术步骤说明：

1. 下载医开讲 APP 并注册。

2. 点"AR 资源"选择 AR_ 针灸学。

3. 点击"立即购买"，选择"AR 资源"，点击"选择支付"（0.00 元），显示支付成功。

4. 点击 APP 首页的"扫图"，选择 ▣，手机屏幕对准示意图即可。

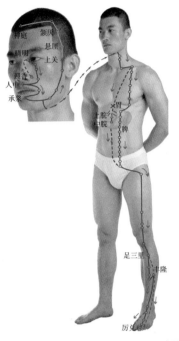

足阳明胃经经脉循行示意图

足太阴脾经经脉循行示意图

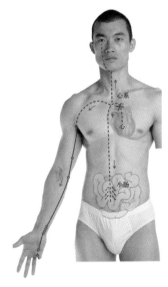

手少阴心经经脉循行示意图

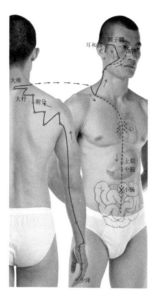

手太阳小肠经经脉循行示意图

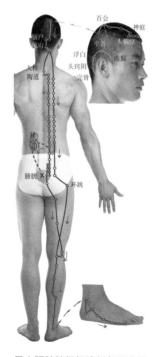

足太阳膀胱经经脉循行示意图

足少阴肾经经脉循行示意图

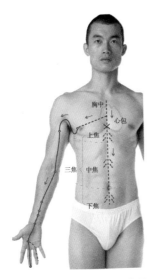

手厥阴心包经经脉循行示意图

手少阳三焦经经脉循行示意图

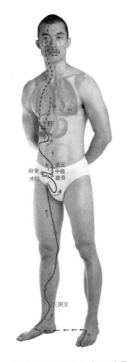

足厥阴肝经经脉循行示意图

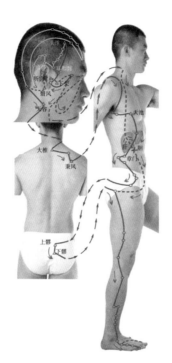

足少阳胆经经脉循行示意图

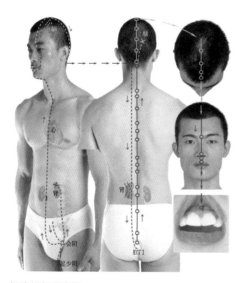

督脉循行示意图

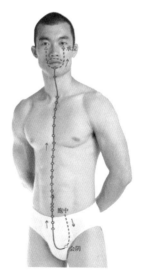

任脉循行示意图

参考文献

[1] 疏欣杨，张纾难，吴鲁华，等.试论《儒门事亲》汗吐下三法在急症中的应用［J］.中国中医急症,2010,19（3）：489-490.

[2] 曾瑞峰，刘相圻，丁邦晗，等.中医学救治心肺脑复苏现状与展望［J］.中国中医急症，2017，26（8）：1409-1412.

[3] 范铁兵，朱晓博，顾东黎，等.从中医急症角度浅谈中医药传承博士后建设项目［J］.中国中医急症，2016，25（9）：1723-1724，1736.

[4] 蔡源媛，陈婷.《不药疗法验案》之中医非药物疗法例析［J］.山东中医杂志，2021，40（2）：199-202.

[5] 沈自尹."肾的研究"通过"与时俱进"而不断进取［J］.中国中西医结合杂志，2015，35（8）：946-949.

[6] 沈自尹.中西医结合肾本质研究回顾［J］.中国中西医结合杂志，2012，32（3）：304-306.

[7] 沈自尹，黄建华，林伟，等.从整体论到系统生物学进行肾虚和衰老的研究［J］.中国中西医结合杂志，2009，29（6）：548-550.

［8］刘小雨，沈自尹，黄建华，等.淫羊藿总黄酮经由核因子－κB相关信号转导途径调控免疫衰老机制［J］.中国中西医结合杂志，2006（7）：620-624.

［9］沈自尹，王文健，陈响中，等.肾阳虚证的下丘脑—垂体—甲状腺、性腺、肾上腺皮质轴功能的对比观察［J］.医学研究通讯，1983（10）：21-22.

［10］沈自尹.同病异治和异病同治［J］.科学通报，1961（10）：51-53.

［11］蔡外娇，张新民，黄建华，等.淫羊藿总黄酮延缓秀丽隐杆线虫衰老的实验研究［J］.中国中西医结合杂志，2008（6）：522-525.

［12］沈自尹，袁春燕，黄建华，等.淫羊藿总黄酮延长果蝇寿命及其分子机制［J］.中国老年学杂志，2005（9）：1061-1063.

［13］邓铁涛.论中医诊治非典［J］.天津中医药，2003（3）：4-8.

［14］任继学，宫晓燕.中医对非典治与防［J］.天津中医药，2003（3）：9-11.

［15］金妙文，周仲瑛，符为民.流行性出血热中医诊断疗效评定标准［J］.南京中医学院学报，1989（4）：13-15.

［16］周仲瑛.中医药治疗流行性出血热的经验体会［J］.新中医，1992（10）：17-18.

［17］王兴民.国医大师吴咸中院士：中西合璧拓新路［N］.

中国科学报，2015-07-10.

[18] 吴咸中，李忠祺，许树楝，等.急腹症辨证论治的进一步探讨 [J].天津医药杂志,1965, 7（10）: 772-774.

[19] 陈士奎.我国开创的中西医结合科研及其启示（五）——著名外科学家吴咸中院士与中西医结合诊疗急腹症研究 [J].中国中西医结合杂志，2017，37（1）:7-11.

[20] 张伯礼，李振吉，胡镜清.中国中医药重大理论传承创新典藏 [M].北京: 中国中医药出版社，2018.

[21] 张静源.中华中医昆仑: 第十五集 [M].北京: 中国中医药出版社，2012.

[22] 张静源.中华中医昆仑: 第七集 [M].北京: 中国中医药出版社，2012.

[23] 陆静.厚积薄发 铸就辉煌 [N].中国中医药报，2004-02-23（4）.

[24] 海霞.将络病研究深入下去 [N].中国中医药报，2004-01-5（4）.

[25] 于智敏，王燕平.王永炎星蒌承气汤钩玄 [N].中国中医药报，2011-03-17（3）.

[26] 时晶，简文佳，魏明清，等.王永炎活血、化瘀、通络三步法 [J].中医杂志，2014，55（23）: 1993-1995.

[27] 王君平.打开中药的"黑匣子"[N].人民日报，2015-02-06（2）.

[28] 中国心血管健康与疾病报告 2019 概要 [J].中国循

环杂志，2020，35（9）：833-854.

[29] 黄心 . 刘嘉湘：立中医扶正治瘤标杆 [N] . 中国中医药报，2018-06-15（3）.

[30] 刘嘉湘，许德凤，范忠泽 . 蟾酥膏缓解癌性疼痛的临床疗效观察 [J] . 中医杂志，1993（5）：281-282.

[31] 慕晓艳，徐蔚杰，周蕾，等 . 金复康治疗肺癌相关机制研究进展 [J] . 中医药导报，2018，24（24）：74-76.

[32] 龙华医院名医名方成果转化——正得康胶囊 [J] . 上海中医药杂志，2020，54（10）：2.

[33] 郑佳彬，周晓梅，刘杰 . 林洪生：“固本清源”治恶性肿瘤 [N] . 中国中医药报，2017-03-02（4）.

[34] 林洪生，张英 . 非小细胞肺癌的中医循证医学研究 [J] . 世界科学技术 - 中医药现代化，2008（4）：121-125.

[35] 刘燕玲 . 弘扬民族医药——李大鹏院士的一世情怀 [J] . 中国现代中药，2009，11（11）：30-32，41.

[36] 刘志学 . 春华秋实，中药走向国际化不再是梦想——访中国工程院院士李大鹏教授 [J] . 中国医药导报，2015，12（21）：1-3.